兵臨城下
踏
劉國
丞相，你說懷有《無雙兵法》的劉國國王就在此城？
根據密探回報，正是此處。
曹國國王
曹任性
曹國丞相
太好了，這下兵書就是我的囊中之物啦！
大王，兵書有什麼價值，需要我們勞師動眾？
將軍，這你就不懂了。

這兵法記載著古往今來各種戰略，
只要有它，在戰場上就所向披靡！
可謂：得兵法者，必得天下！
好厲害！
傳令下去，包圍整座城池，不要讓任何人出來。
再令劉國國王交出兵法，
否則此城將被夷為平地！
遵命！

丞相，大事不好了！
劉國國王
劉斗
大王為何如此慌張？
曹國國王舉兵城下，
已經把我們重重包圍了！
手足無措
什麼？
還要我交出什麼《無雙兵法》，
我根本不知道那是什麼！
哭哭

真是欺人太甚，待老子出去，殺出一條血路！
一夫當關
將軍不要衝動，我們沒有足夠的兵力啊！
無雙兵法？
難道是那本？
？
翻箱倒櫃
果然！
當年先帝托付給我的兵法。
太好了，天下有救了！
但是，已經被我當草紙用掉了……
真害
你到底在想什麼！
難道要被滅國了嗎？

瞞天過海

劉國國王是否有答覆？
還沒，我已派人嚴密監視他的一舉一動。
他也別想耍什麼花樣。
我就坐等接收城池跟兵法了！
大王英明！
哇哇哇！該怎麼辦啊？
屋外都被監視，根本跑不掉啊！
讓老子殺出去……

看來得用「瞞天過海」之計逃脫了！
瞞天過海？
此計是出自唐太宗渡海攻打高麗的典故……
還有典故啊！
不過篇幅有限，就跳過典故了！
跌倒
到底計策是什麼？
它的意思就是……
越是防備周密，越容易鬆懈大意。
對於習以為常的事，就不會去懷疑它。
習以為常的事？

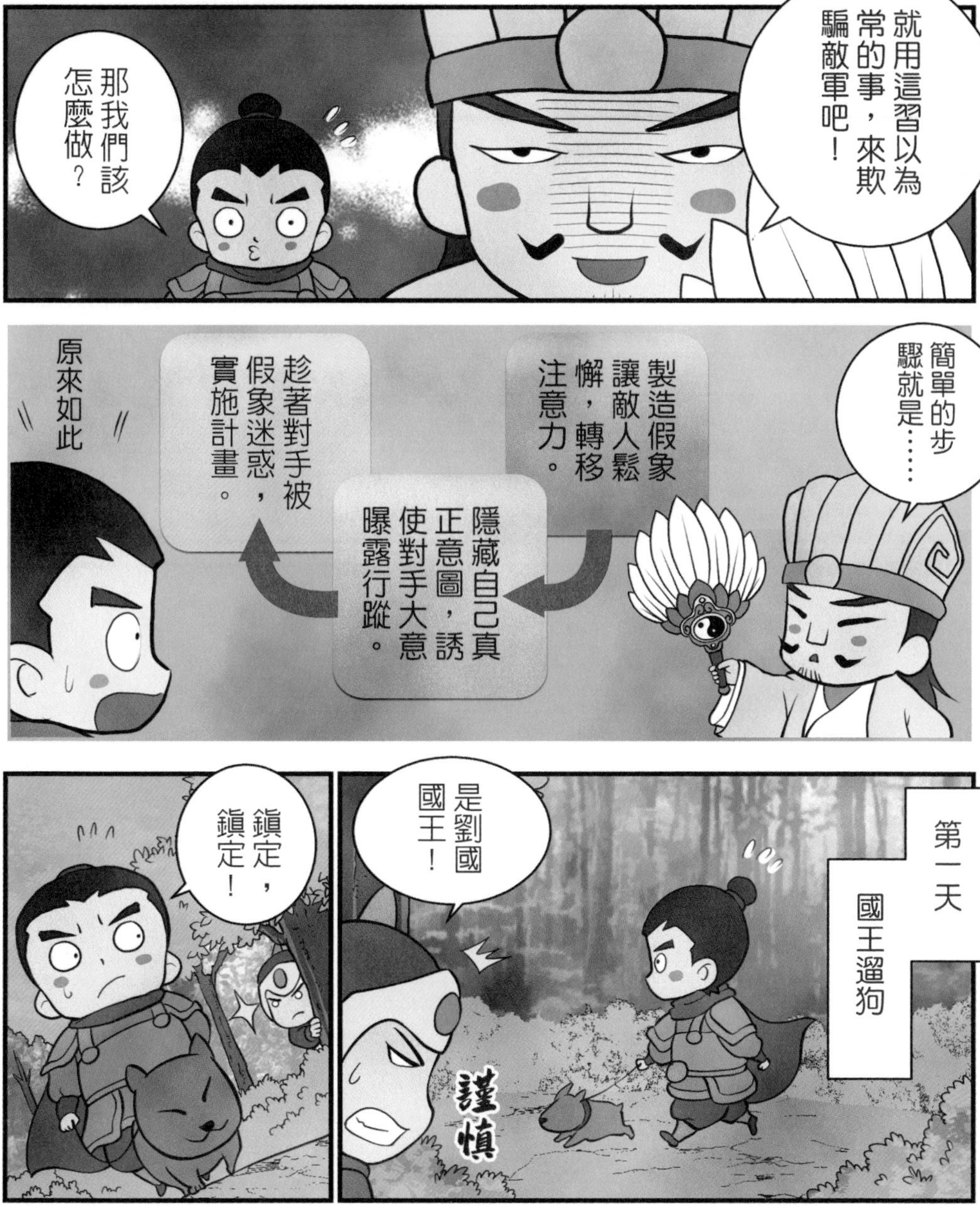

就用這習以為常的事，來欺騙敵軍吧！
那我們該怎麼做？
簡單的步驟就是……
製造假象讓敵人鬆懈，轉移注意力。
隱藏自己真正意圖，誘使對手大意曝露行蹤。
趁著對手被假象迷惑，實施計畫。
原來如此
第一天 國王遛狗
是劉國國王！
謹慎
鎮定，鎮定！

第二天 再遛狗
轉移注意
又再遛狗！
第三天 繼續遛狗
習以為常
當國王真好……
第四天
真無聊……
鬆懈
偷溜……
怎麼是假人！
「瞞天過海」成功！

圍魏救趙
衝啊！
今天一定要把這座城攻下！
殺
殺
丞相！
大事不好了！
大王？

曹任性發兵攻打趙城，
趙城可是我最愛的城池啊！
可惡！讓我領兵去擊退他們！
萬萬不可！
難道就這樣把趙城送給他嗎？
兵力太懸殊了，去了也是送死。
那該怎麼辦？
曹國這次傾兵攻城，主城魏城應沒留兵力。
魏
主
趙

可用「圍魏救趙」之計。
圍魏救趙？
簡單來說就是……
不與其正面交鋒
我
遇到敵人來襲
找到敵人弱點，利用分散主力的策略，攻擊敵人弱點。
敵
敵人為了防守弱點，放棄攻擊。
看來典故又要自己查了。
所以現在不該出兵趙城，而是發兵到曹國魏城才對。
收到！
我立刻帶兵去曹國魏城！

曹國魏城
哈哈，趙城是我的囊中物了！
大王！
劉國派兵往魏城來了！
什麼？我軍都派去趙城了！
趕快把大軍召回防守魏城！
城內兵力，根本抵擋不了劉國軍！
不然連根都沒啦！
曹軍撤退，趙城平安無事啦！
此計「圍」只是手段，「救」才是真正目的。

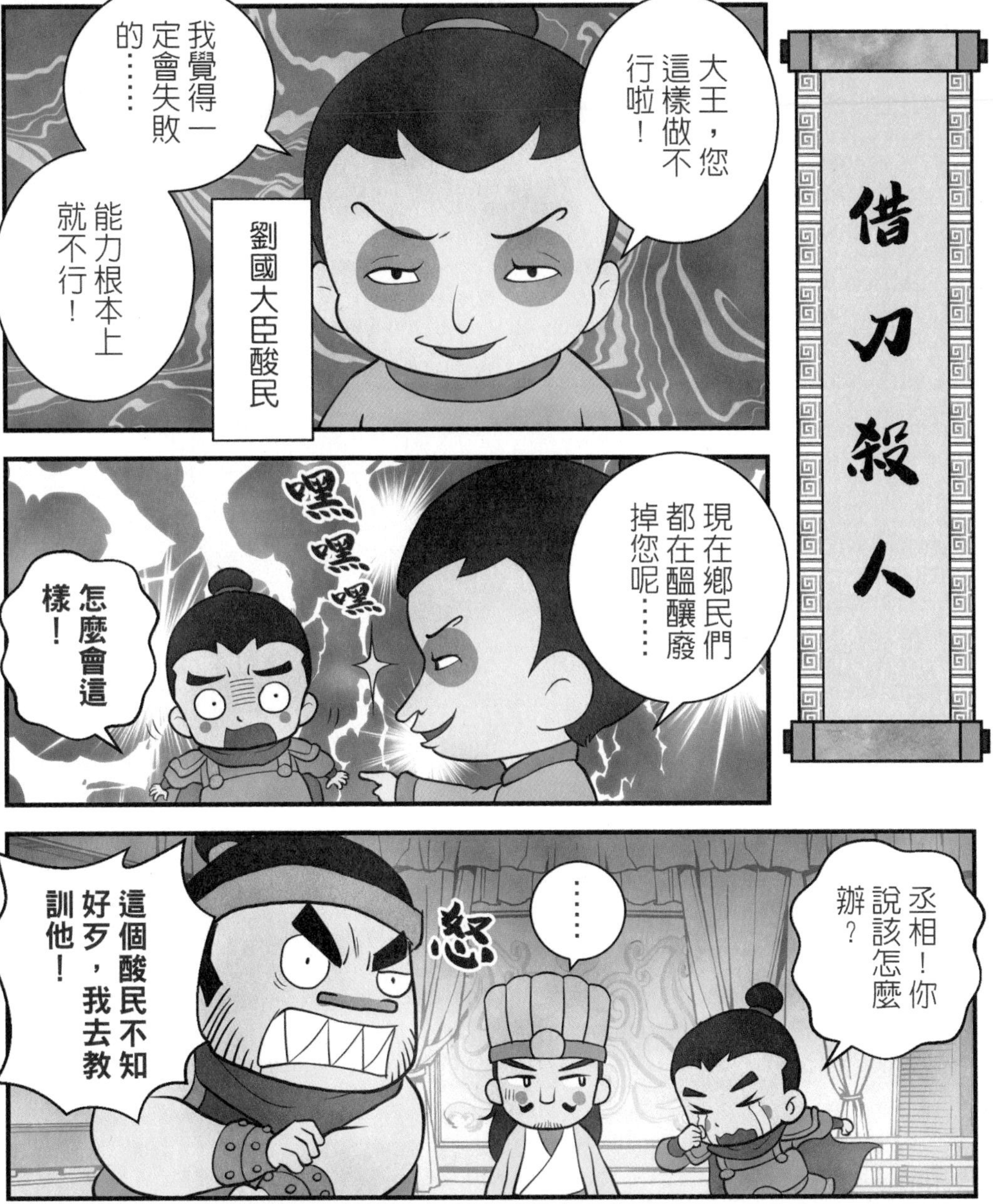
借刀殺人
大王，您這樣做不行啦！
劉國大臣酸民
我覺得一定會失敗的……
能力根本上就不行！
現在鄉民們都在醞釀廢掉您呢……
嘿嘿嘿
怎麼會這樣！
丞相！你說該怎麼辦？
……
怒
這個酸民不知好歹，我去教訓他！

別急，酸民現在還有點聲望……
教訓他只會影響大王的聲譽。
難道就讓他繼續酸下去？
雖然我們不能動手，但可以請別人動手。
請別人動手？
沒錯，這就是「借刀殺人」！
借刀殺人……
聽起來好可怕喔！

簡單解釋就是……
我方
計誘敵方甲
攻擊敵方乙或盟友丙
讓他們除掉敵方甲
完成
原來如此！雖然不是很懂……
要派我去曹國？
希望藉由先生的口才說服曹國放棄攻打我國……
這個……
事成後，當以丞相之位相待。
丞相！
交給我吧！

劉國使者到！
派使者來做啥？
曹國國王不要再打無謂的仗了，
你年紀也大，怕也活不了多久，
再說……
嘰哩呱啦
滔滔不絕
給我拖出去！
大王饒命啊！
小的回來了……
看你再亂說話！
借他人之手，除掉自己的敵人，就是此計的精髓。

以逸待勞
劉國人聽著，我軍已攻下兩座城池，
威武！
威武！
快投降！
快點出來投降，饒你們不死！
！
好囂張，待我領兵……
等等！
又等？
我已經等好幾集了！

現在敵軍士氣正旺！
不宜此時出戰。
丞相你太膽小了！
對付士氣高漲的敵軍，要先拿回主動權。
主動權就是出戰！
不對，這時要用「以逸待勞」之計。
以逸待勞？
敵人能量正盛。
分散對方能量，累積己方能量。
待敵方能量耗損，再出手。

第一回合！
殺——
衝阿！
第二回合！
再衝！
殺——
就不信你們不投降！
懦夫！
殺——
趕快出城應戰！
好吵！

一直躲在城中，算什麼英雄好漢！
全部給我上！
報告大王，弟兄們都累了……
什麼？
劉國大軍出城了！
嘩
天哪！
快撤！
創造對自身有利的條件才是獲勝的關鍵。

趁火打劫
吳國
吳
曹
曹國
劉國
劉
吳國 主城
曹國大軍攻進來了。
大王，城快守不住了！
快請隔壁劉國派兵支援！
劉國
吳國急報，請求派兵支援！
吳國也被攻打啦！

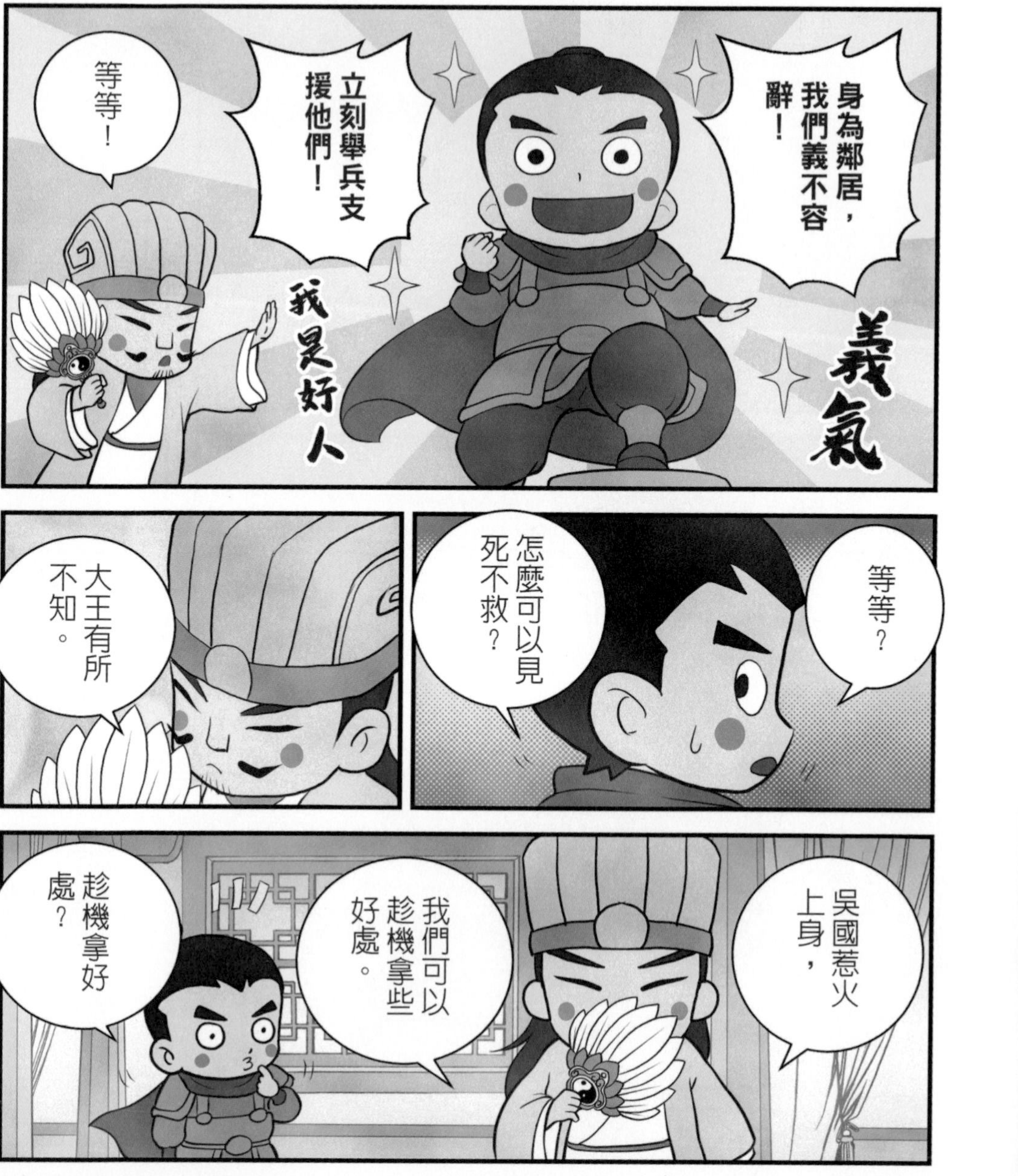
身為鄰居，我們義不容辭！
立刻舉兵支援他們！
等等！
義氣
我是好人
等等？
怎麼可以見死不救？
大王有所不知。
吳國惹火上身，
我們可以趁機拿些好處。
趁機拿好處？

此時我們應該這麼做……
對手處於劣勢。
我方假借支援為名幫忙對手。
趁機占取對手資源。
感覺不大厚道……
沒錯！
此乃「趁火打劫」之計！
回覆吳國，若要我軍派兵支援，
先割兩座城池過來。
什麼？
要我割城？
吃人夠夠

可惡，竟然趁這個節骨眼……
曹國快攻破城門了！
猶豫
啊啊啊！
再這樣下去就真的變成「無國」了！
回覆劉國，我答應他們的條件！
含淚
是！
出兵，順便接收吳國城池！
原來救火也可以順便占便宜。

聲東擊西
目前曹軍分占東西兩城……
東城跟西城那個城要先攻呢？
當然是西城！
哈哈
這還用問？
喔，不知大王有何高見？
因為西城的水果比較甜。
好懷念那邊的水梨。
你這理由太牽強了……
我不管，我要吃西城水梨！

既然大王執意攻取西城……
我要水梨啦！
任性
帶隊兵馬往東城前去！
等……等等！
不是要攻打西城？進軍到東城做什麼？
抗命！
大王莫急！
這只是誘敵之計。
誘敵？
你想，如果出兵東城，曹國會集結兵力在哪？
當然是東城啊！

當曹國兵力都集結東城，那西城……
西城兵力就薄弱了！
我們就如此如此，這般這般……
己方
敵方
製造假象，吸引對手注意。
全力攻擊對手鬆懈之處。
對手來不及應變，錯失應對先機。
此計妙也！
趁對方被假目標吸引，一舉攻下主要目標！
這就是「聲東擊西」之計！
出兵出兵！

大王，劉軍在東城外很久了！
到底打不打呀？我大軍都已經準備好了！
煩勤
報！劉國大軍攻占西城！
什麼？
報！東城外的劉軍撤退了！
可惡！又被耍了！
翻桌
此計精髓在隱藏主要目標，製造假目標，
使對手做出錯誤判斷，出其不意奪取目標。
水梨好吃！

無中生有
曹軍圍城，我方的箭都射完了！
沒箭怎麼守城啊？
既然沒箭，就想辦法生箭吧！
怎麼生？
看啥？我這是骨架大……
首先做些草人，給他們穿上黑衣。

趁著夜晚把草人用繩索從城牆放下。
有人從城牆下來？
放箭！一個也別放過！
給我用力射！
哇，稻草人身上都是箭哩！
什麼？剛剛那些都是稻草人？
報！又有人從城牆下來。
再射！別放過！

哇！箭滿到堆不下了。
就算有箭，但要怎麼擊退曹軍呢？
就再把人放下去啊！
報！又有人從城牆下來。
又是稻草人？
停止射箭，我可不會再中計了！
這次是真的人啦！
嘩
天哪！失策！

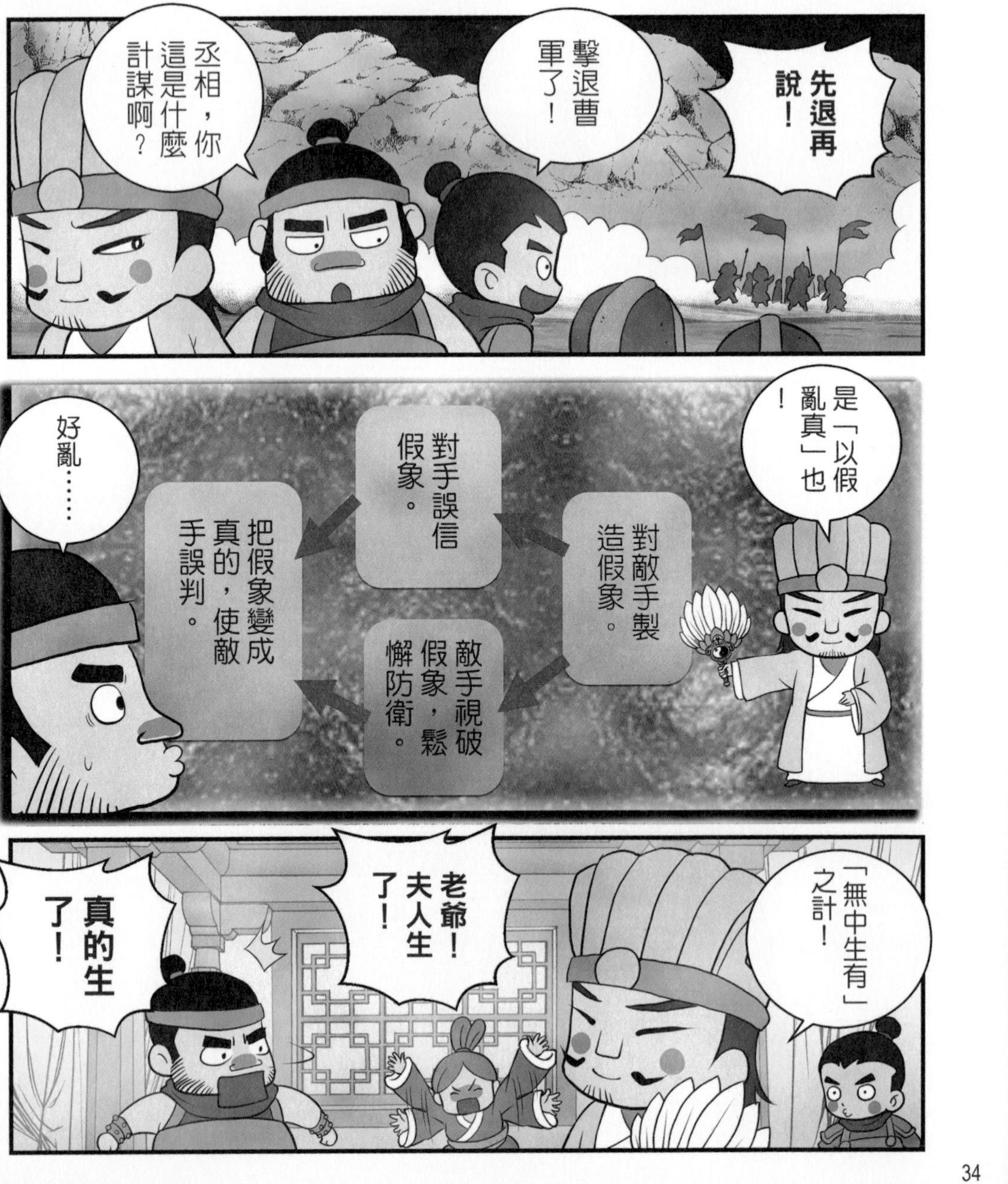
先退再說！
擊退曹軍了！
丞相，你這是什麼計謀啊？
是「以假亂真」也！
對敵手製造假象。
對手誤信假象。
敵手視破假象，鬆懈防衛。
把假象變成真的，使敵手誤判。
好亂……
「無中生有」之計！
老爺！夫人生了！
真的生了！

暗渡陳倉
想攻打陳倉城，必須經過這裡……
可是棧道崎嶇，必須維修才行。
下令集中兵力維修棧道。
遵命！
陳倉城
報！劉軍開始維修棧道。
是嗎？

劉國通往這裡唯一捷徑，就只有棧道這條路。
看來是想修好棧道後，偷襲我陳倉城。
光憑這小伎倆就想騙過我？
令大軍駐守關口，加強戒備！
等他們自投羅網吧！
遵命！

報！劉軍從後山偷襲！
快調軍隊迎擊！
我軍都調到前面關口去了……
什麼？
天啊！又被擺一道了！
棄城啦！
快逃！
竟然成功了！
這計謀跟「聲東擊西」好像。
沒想到你還記得。

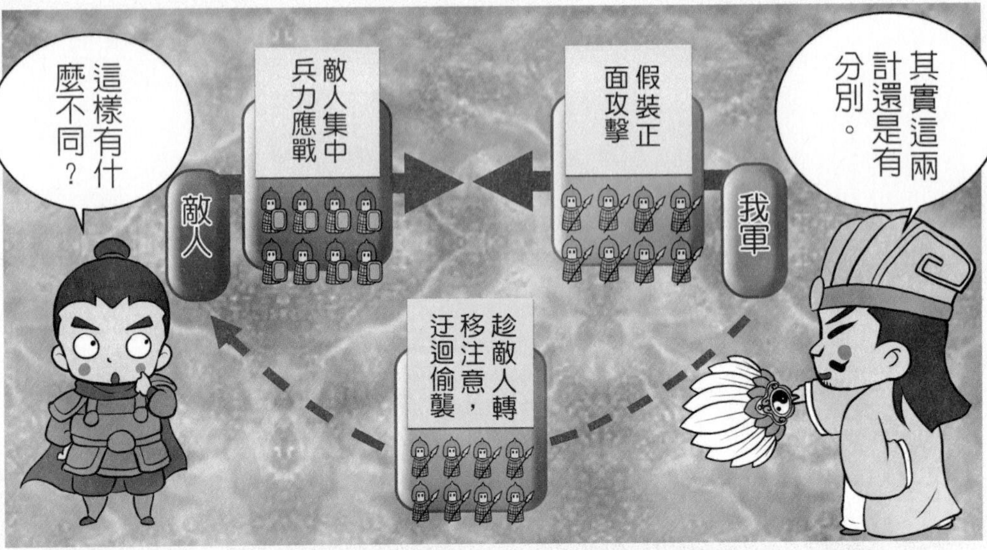
其實這兩計還是有分別。
我軍
假裝正面攻擊
敵人集中兵力應戰
敵人
趁敵人轉移注意，迂迴偷襲
這樣有什麼不同？

「聲東擊西」隱藏的是攻擊點。
「暗渡陳倉」則是隱藏攻擊路線。

故意擺出要進攻的路線吸引敵人注意。
出其不意，從想不到的路線進攻，才是妙招。
原來如此！

隔岸觀火
難得有輕鬆時光，可以出城打獵。
今天我一定要大顯身手！
發現獵物！

太好了，這麼快就找到獵物！
待我……
啊啊啊！
啊啊啊！獵物……被兩隻老虎吃了！
好可怕喔！
大王不用擔心，就由我來……
將軍留步！
丞相你怕了嗎？

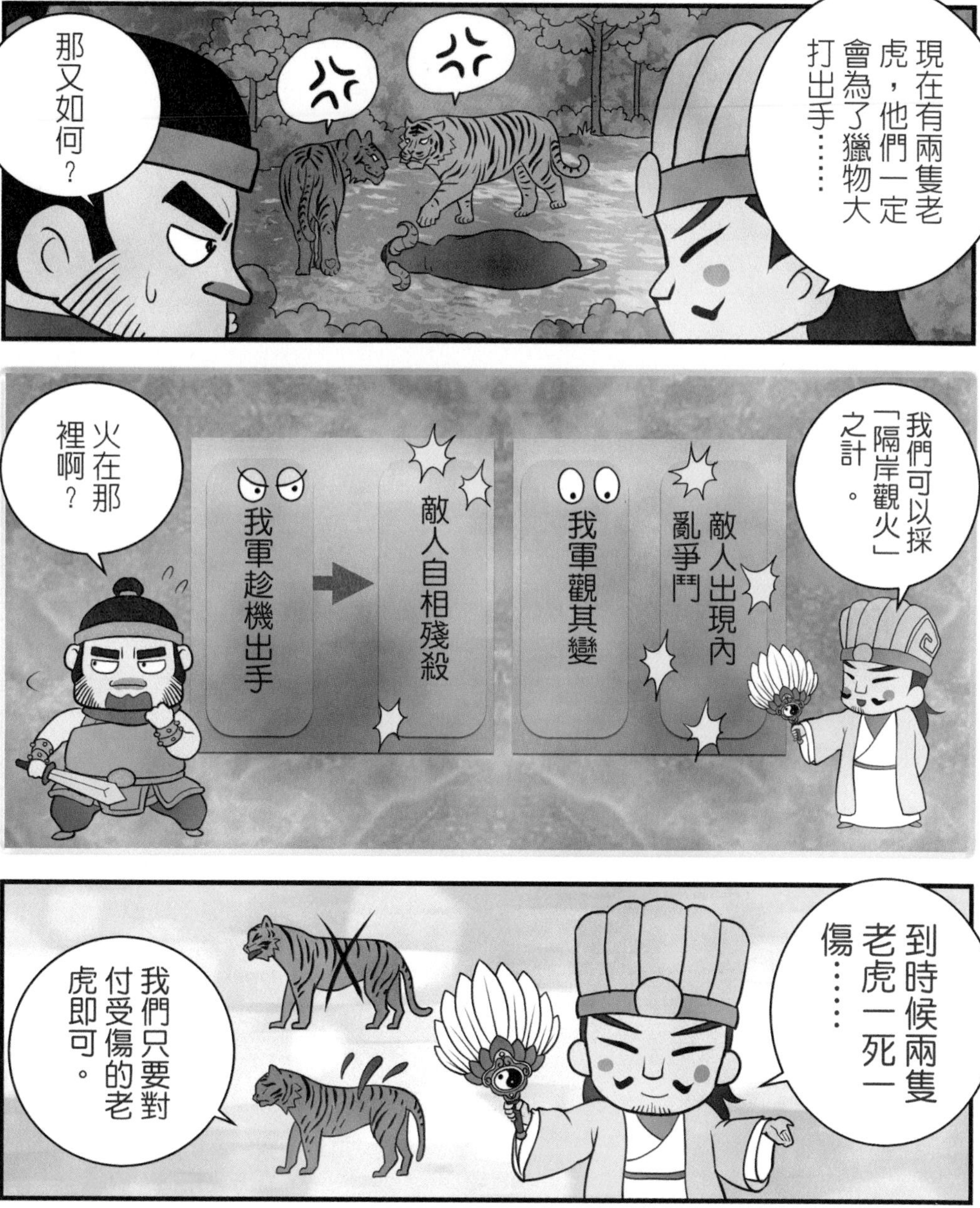
現在有兩隻老虎，他們一定會為了獵物大打出手……
那又如何？
我們可以採「隔岸觀火」之計。
敵人出現內亂爭鬥
我軍觀其變
敵人自相殘殺
我軍趁機出手
火在那裡啊？
到時候兩隻老虎一死一傷……
我們只要對付受傷的老虎即可。

吼
兩隻老虎真的打起來了！
吼
一隻被咬死了。
剩下的老虎也受傷了。
好，看我的！
太棒了！大豐收！
此計不可操之過急，免得敵人聯手對付我們。

笑裡藏刀

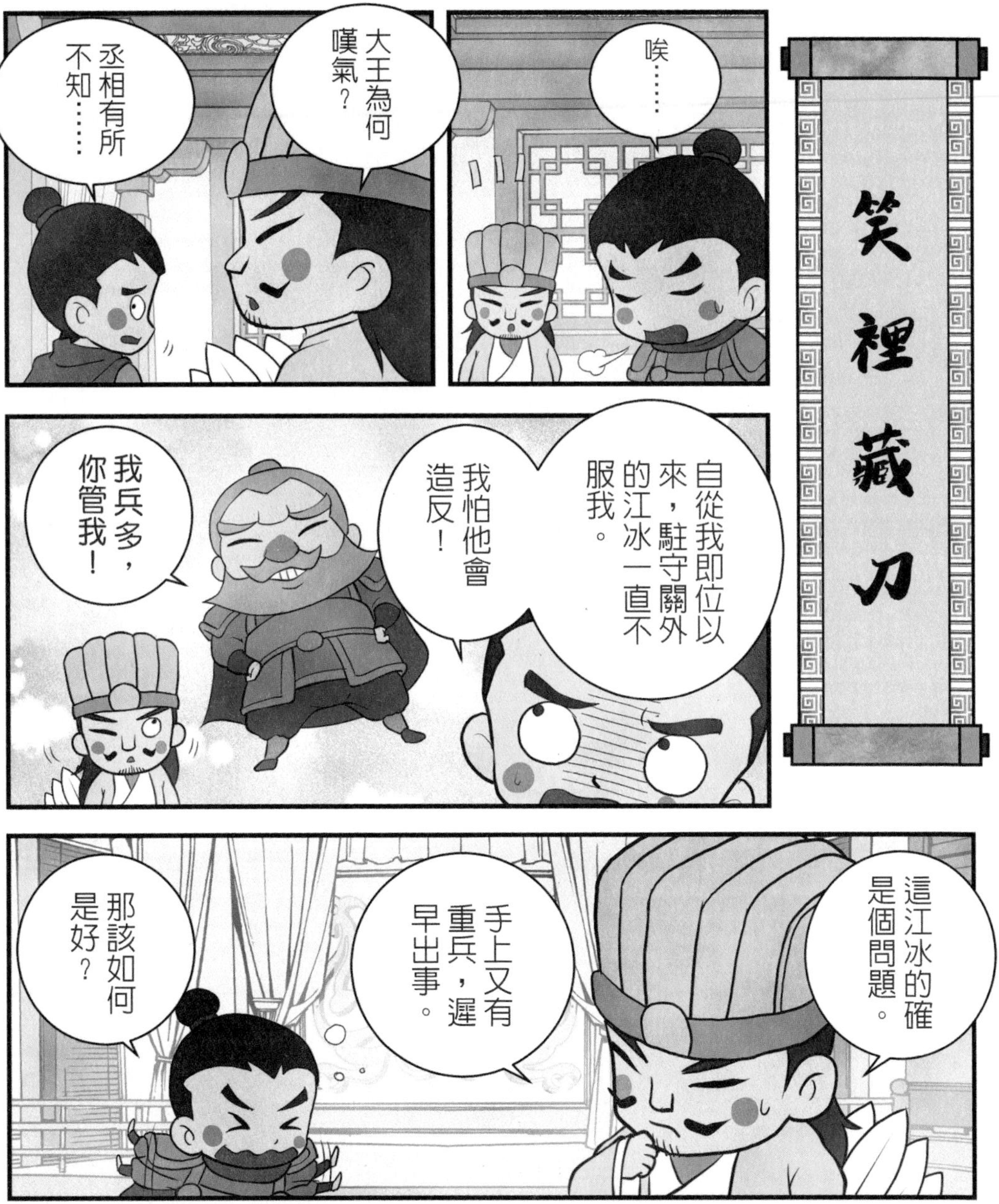
唉……
大王為何嘆氣？
丞相有所不知……
自從我即位以來，駐守關外的江冰一直不服我。
我怕他會造反！
我兵多，你管我！
這江冰的確是個問題。
手上又有重兵，遲早出事。
那該如何是好？

現在只好使出「笑裡藏刀」之計！
我方友好示敵
暗中籌畫，趁敵不備，一舉殲滅。
丞相，你笑得好邪惡喔！
關外軍營
將軍，別來無恙。
軍師親自前來有何要事？
大王剛即位，想冊封將軍，特派我前來邀請。
真假？沒想到大王還記得我。

大王準備了美酒佳餚，還請務必賞光。
哈哈哈，一定！
哪有那麼好的事？還是小心為妙。
召集精兵隨我赴宴！
是！
劉國王城
將軍你來啦！
久候多時了！
恭喜將軍高升。
今天不醉不歸。
好好好！

喝吧喝吧！
大伙兒也儘管喝！
聖旨到！
江冰密謀造反，立即逮捕！
？
果然有詐，好險我有準備！
大夥上！
啊！全醉倒了！
此計要拿捏好分寸，笑得自然，才能隱藏好真正的刀。

李代桃僵
衝啊！
衝啊！
答答答
哇啊啊！我又輸了！
又贏啦！
嗚嗚，連輸三場！
大王可從來沒贏過。
我不服，再比一次！

怎麼了？
大王跟田胖比賽馬，每場都輸……
怎麼比？
把馬分為三等，三戰兩勝。
上
上
中
中
下
下
又輸了！
可惡啊！
每匹都差一點！
都差一點嗎？
簡單！

大王再比一次，不過這次的順序……
這樣就會贏？
比再多次也是一樣的結果啦。
比賽開始！
第一場
哇，慘敗！
就算換順序出場也一樣啦。
第二場
贏了！
怎麼會這樣？

第三場
又贏了！
三戰兩勝，我贏啦！
明明都是一樣的馬！
犧牲
下
上
上
中
中
下
因為實力差不多，只好有所犧牲，求取全面勝利。
居然還有這招！
這就是「李代桃僵」之計。
來，再比一次，我也換順序。
我才不要！

順手牽羊

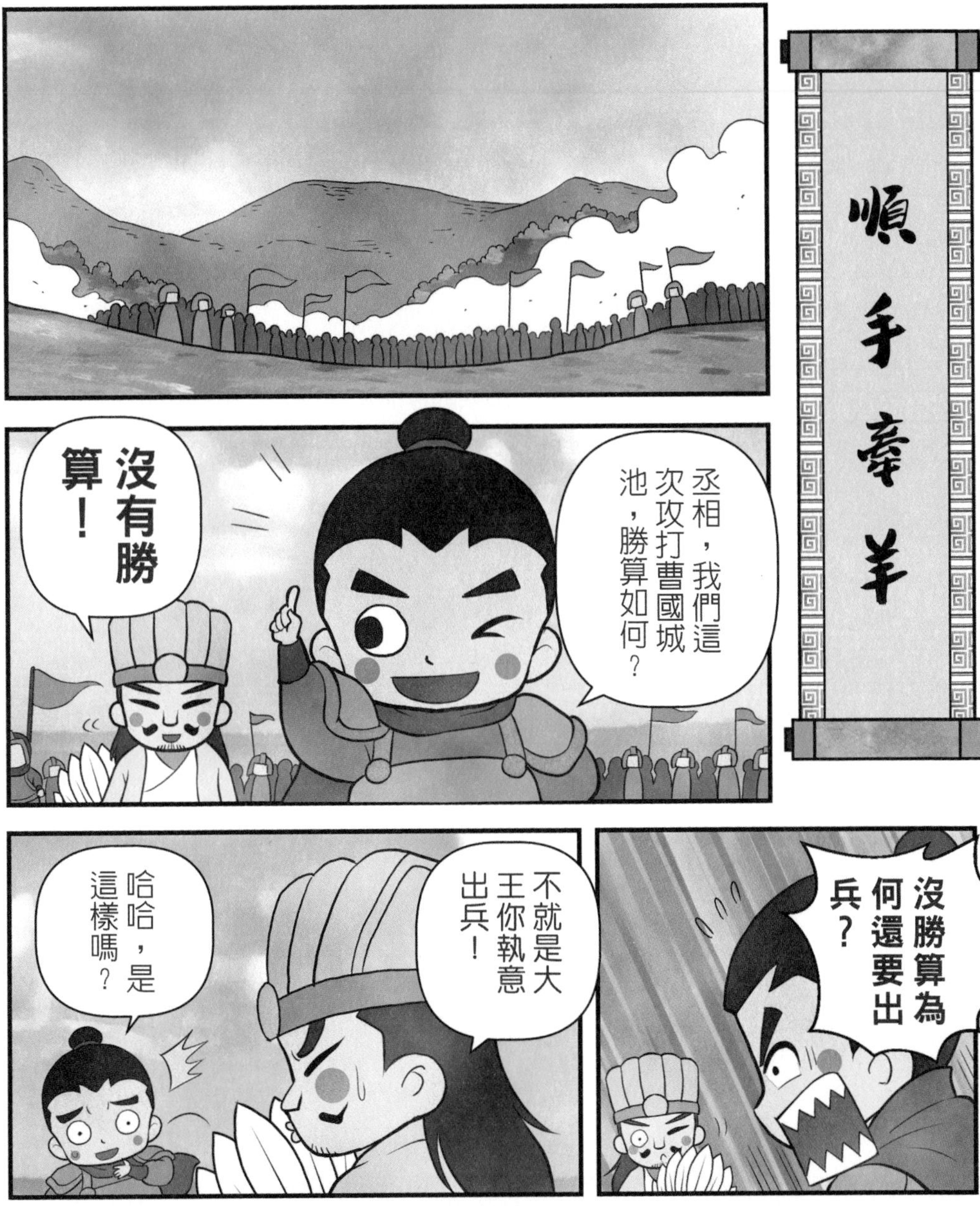
丞相，我們這次攻打曹國城池，勝算如何？
沒有勝算！
沒勝算為何還要出兵？
不就是大王你執意出兵！
哈哈，是這樣嗎？

這下可糟了，都已經出兵至此，
現在返回，豈不是被人笑話了……
報！右側山谷發現曹軍糧隊！
我現在沒空理這小嘍囉！
攻城才是首要之務呀！
運糧的隊伍是嗎？
咦？
或許可以來個「順手牽羊」之計！
羊在那裡？

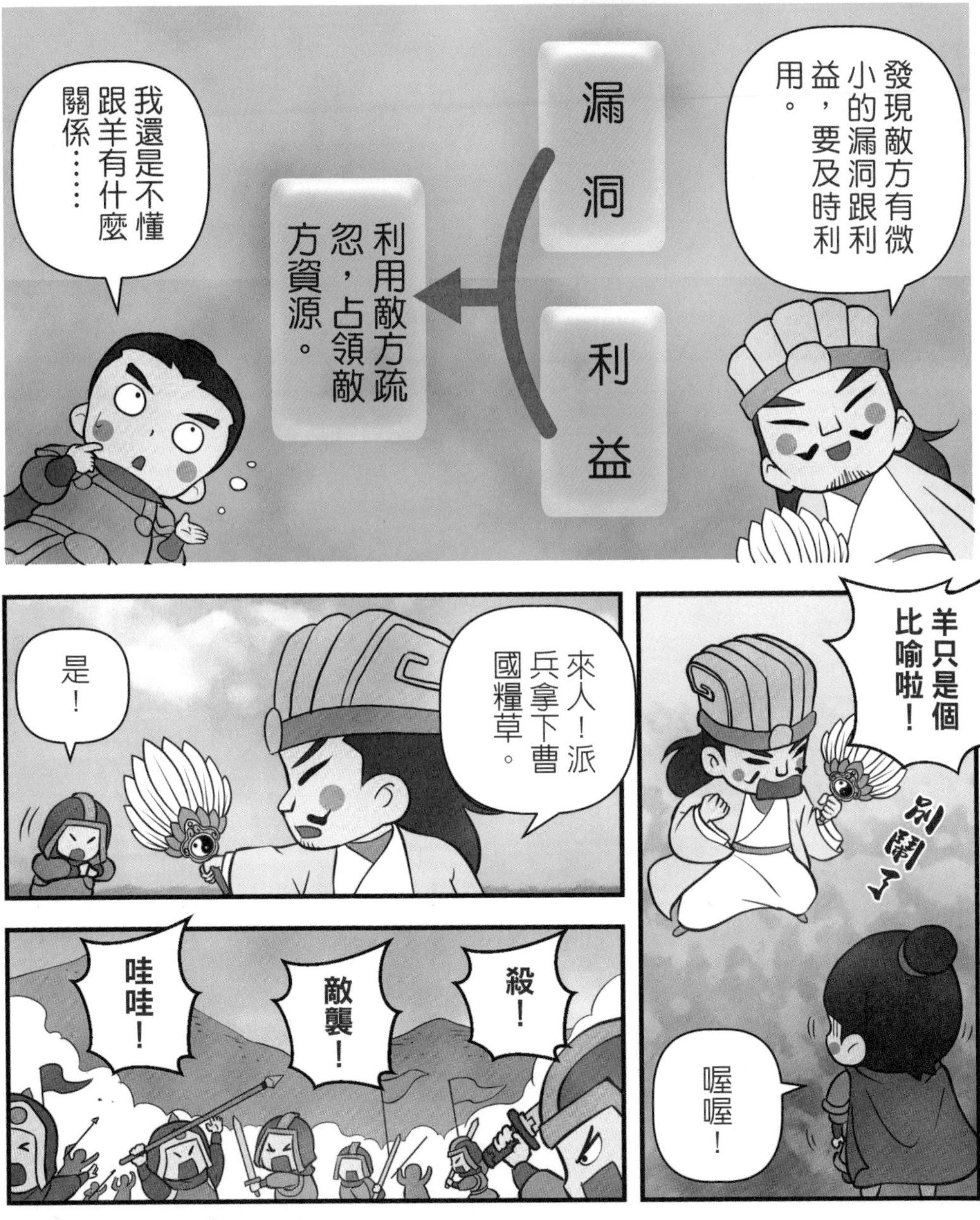

發現敵方有微小的漏洞跟利益，要及時利用。
漏洞
利益
利用敵方疏忽，占領敵方資源。
我還是不懂跟羊有什麼關係……
羊只是個比喻啦！
別鬧了
喔喔！
來人！派兵拿下曹國糧草。
是！
殺！
敵襲！
哇哇！

報！已順利拿下曹國糧草！
拿下他們的糧草做啥？
這糧草應該是運去補給曹國的。
現在補給的糧草被劫，城池就撐不久。
缺
糧草又可為我軍所用！
好大一隻羊！
我們就來個豬羊變色！
全軍前進！

打草驚蛇
發現劉國軍！
看來他們似乎要往我國城池前去。
剛好前方有處大草叢，我們就先埋伏在那裡。
待他們進入草叢，再一舉突襲！
將軍好計策！
趕快前去準備！
是！

報！前面有片大草叢！
草叢而已，開路前進！
等一下！
怎麼了？
我隱隱覺得這片草叢有點不對勁。
丞相多心了，區區草叢有何異樣。
啊啊啊！
就跟你說吧！

這草叢就如同一個屏障，容易隱藏危機，必須先行預防才可安心。
就像剛剛的蛇一樣。
快來把蛇抓走！
先用棍棒打草，把隱藏其中的蛇引出來，就不會發生意外了！
所以說……
沙
劉軍靠近！
沙

汪！
啊？
發現敵軍！
糟了，反而被包圍啦！
殺呀！
快逃啊！
真是妙計！
此乃「打草驚蛇」之計！
哎呀！這期忘了做圖解……

借屍還魂

唉！
大王為何嘆氣？
日前討伐綠帽賊，雖然擄獲這些士兵，
但不好管理啊！
他們對自己的信仰很虔誠……
教主千秋萬世！
壽與天齊！
的確麻煩……
綠帽賊原本是村民間的小信仰，
蒼天已死，綠帽當立！
自稱天神的吳角妖言蠱惑，大眾才起兵造反……

不過吳角都死了，信衆們也該清醒了吧！
唉！有些事……
到底要怎麼說服他們加入我軍啊！
既然他們這麼信吳角，
那把吳角請出來不就得了！
請死掉的吳角出來？
只要這樣……再那樣……
教主千秋萬世…
閃
啊啊！這是？

是教主！
教主顯靈！
嘩
嘩
各位教眾，今日有要事昭告！
臨時演員
教主請說，吾等一定遵從。
昏倒
是，教主！
由於我已仙逝，現必須另找傳人……
睜眼瞎話

現我委請劉國大王續傳香火！
就是我！
教主聖明！
我們一定服從！
大王萬歲！
丞相這招還真有用。
我還要演多久？
繼續就是了！
借屍（手段）
還魂（目的）
影響力
對手
只要搞清楚對象。
原來！
萬歲
萬歲
將已消失的事物，假借別的名義，用新的姿態出現。
此乃「借屍還魂」之計。

調虎離山
殺呀！
衝啊！
看招！
噠ー
快把兵力補上啊！
兵力不足啊！
上次收編的綠帽賊呢？
已經全軍覆沒了……
好弱！
怎麼會這樣啦！
叩叩

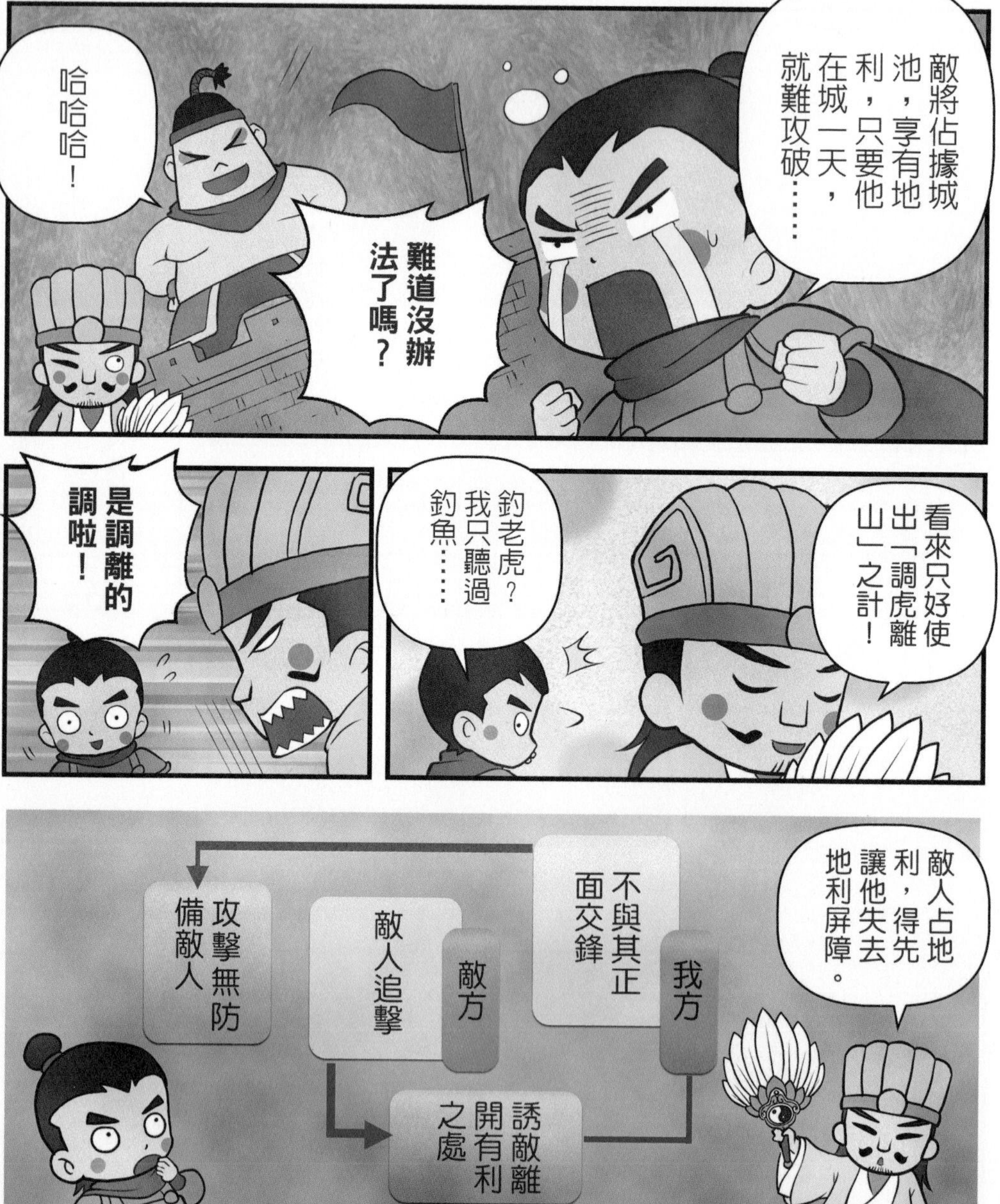
敵將佔據城池，享有地利，只要他在城一天，就難攻破……
難道沒辦法了嗎？
哈哈哈！
看來只好使出「調虎離山」之計！
釣老虎？我只聽過釣魚……
是調離的調啦！
敵人占地利，得先讓他失去地利屏障。
我方
不與其正面交鋒
誘敵離開有利之處
敵方
敵人追擊
攻擊無防備敵人

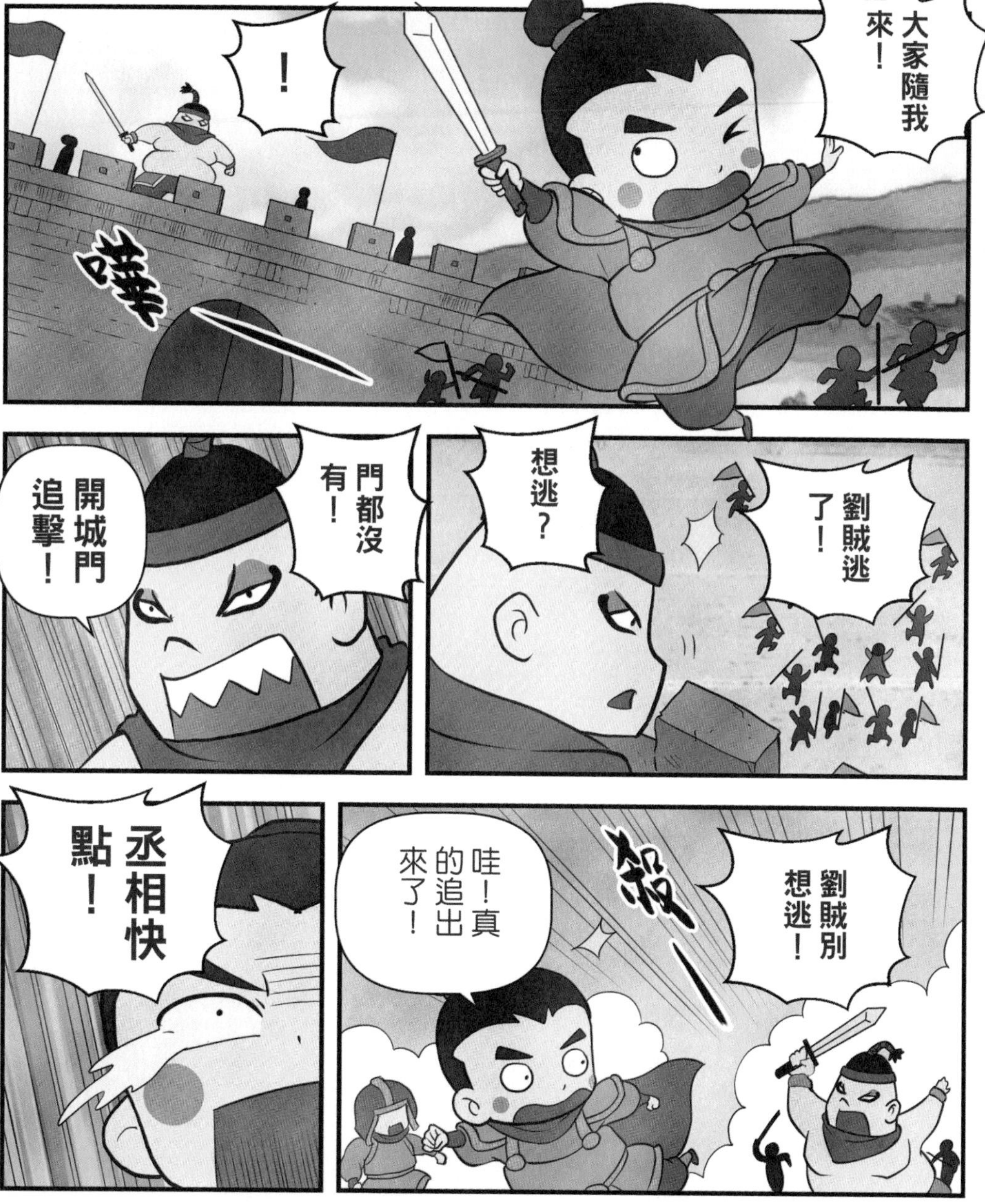
大家隨我來！
！
轟
劉賊逃了！
想逃？
門都沒有！
開城門追擊！
劉賊別想逃！
殺
哇！真的追出來了！
丞相快點！

開始全力攻城！
！
嘩—
報！城中無人指揮，一片大亂！
糟了！
換旗
城被拿下了！
可惡！給我記住！
撤退！
老虎變病貓！
呼！還好我跑得快……

欲擒故縱
嘩—
劉國軍緊追不捨。
既然如此……
我們就與劉軍拚個你死我活！
士氣
喔喔！
報！劉軍停止追擊了。
機不可失！
快撤！

劉軍軍營
報！
曹軍開始撤退！
丞相，都是你說先不要追擊的。
現在讓他們給跑了！
大王莫急！
怎能不急？
原本我軍兵力就占優勢，還怕他們不成？
就因為占有優勢，才不能貿然出手。

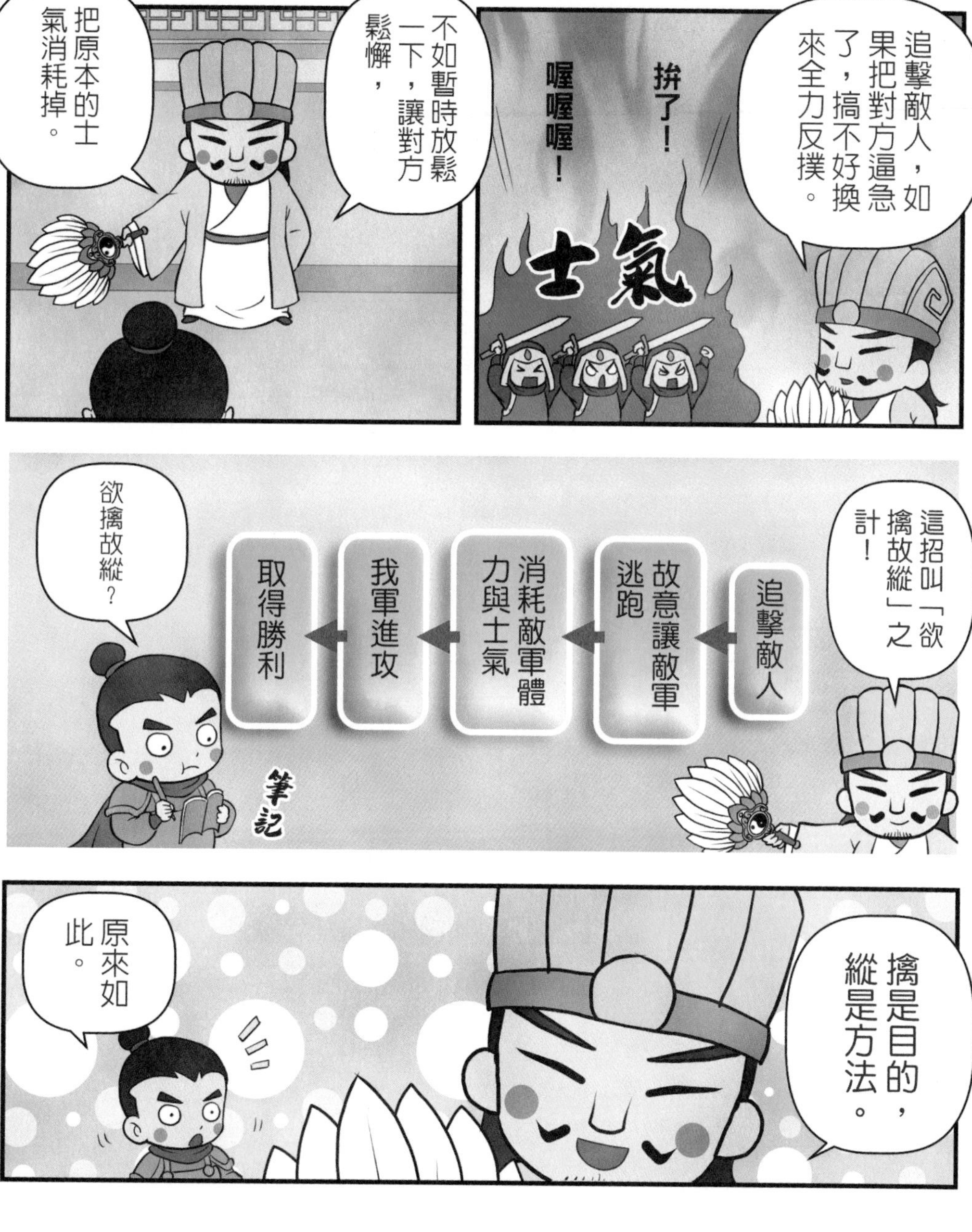
追擊敵人，如果把對方逼急了，搞不好換來全力反撲。
拚了！
喔喔喔！
士氣
不如暫時放鬆一下，讓對方鬆懈，
把原本的士氣消耗掉。
這招叫「欲擒故縱」之計！
追擊敵人
故意讓敵軍逃跑
消耗敵軍體力與士氣
我軍進攻
取得勝利
欲擒故縱？
筆記
擒是目的，縱是方法。
原來如此。

那何時才能進攻呢？
報！曹軍全軍疲累，腳步踉蹌！
該是追擊的時候了！
哇哇！劉軍又追來了！
不怕，各位把士氣拿出來……
跟他們決一死戰！
你們！
累到沒士氣了……
縱敵不是放任不管，而是放鬆。
主要是防止敵人做垂死掙扎。
贏啦！

拋磚引玉

哈哈！這次佔據這座城，看你怎麼攻？
！
可惡，圍城一個多月，為何還打不下來！
耐性都快被磨平了
看來得放點餌來釣魚了。
釣魚好，不用攻城了！
大王等等啊！
不是真的去釣魚啦！
不釣魚放什麼餌？

此城地勢險峻，易守難攻。
只能智取，不能硬攻。
智取？
曹軍被我們圍城數月，城中木材一定不足。
我們就送木材給他們。
丞相你傻啦！
怎麼可以送木材給敵人？
我們派士兵假扮樵夫砍柴。
曹軍一定會從中攔截。

報！城外攔截到樵夫數名，獲得不少木材。
樵夫旁沒劉軍護衛？
只見樵夫。
太好了，繼續多派人手攔截樵夫。
是！
哈哈，這下城中缺乏的木材就有著落了。
曹軍全軍出動去攔截樵夫了。
快快
準備攻擊！

殺—
糟了，有埋伏！
城被攻破！
沒有後路了！
給我記住！
果真攻破城池，丞相好計策！
此乃「拋磚引玉」之計！
拋磚就是先給敵人甜頭，以達到引玉的目的。
敵人
埋伏
出擊
誘餌
真的是放餌釣魚呀！

擒賊擒王
丞相！丞相！
曹軍又大軍壓境了！
慌張
聽說這次派的是他們的猛將夏史倫。
什麼！
傳聞夏將軍神龍見首不見尾。
用兵神準，這下可難對付了！
謎
哇哇！難道故事要完結篇了嗎？

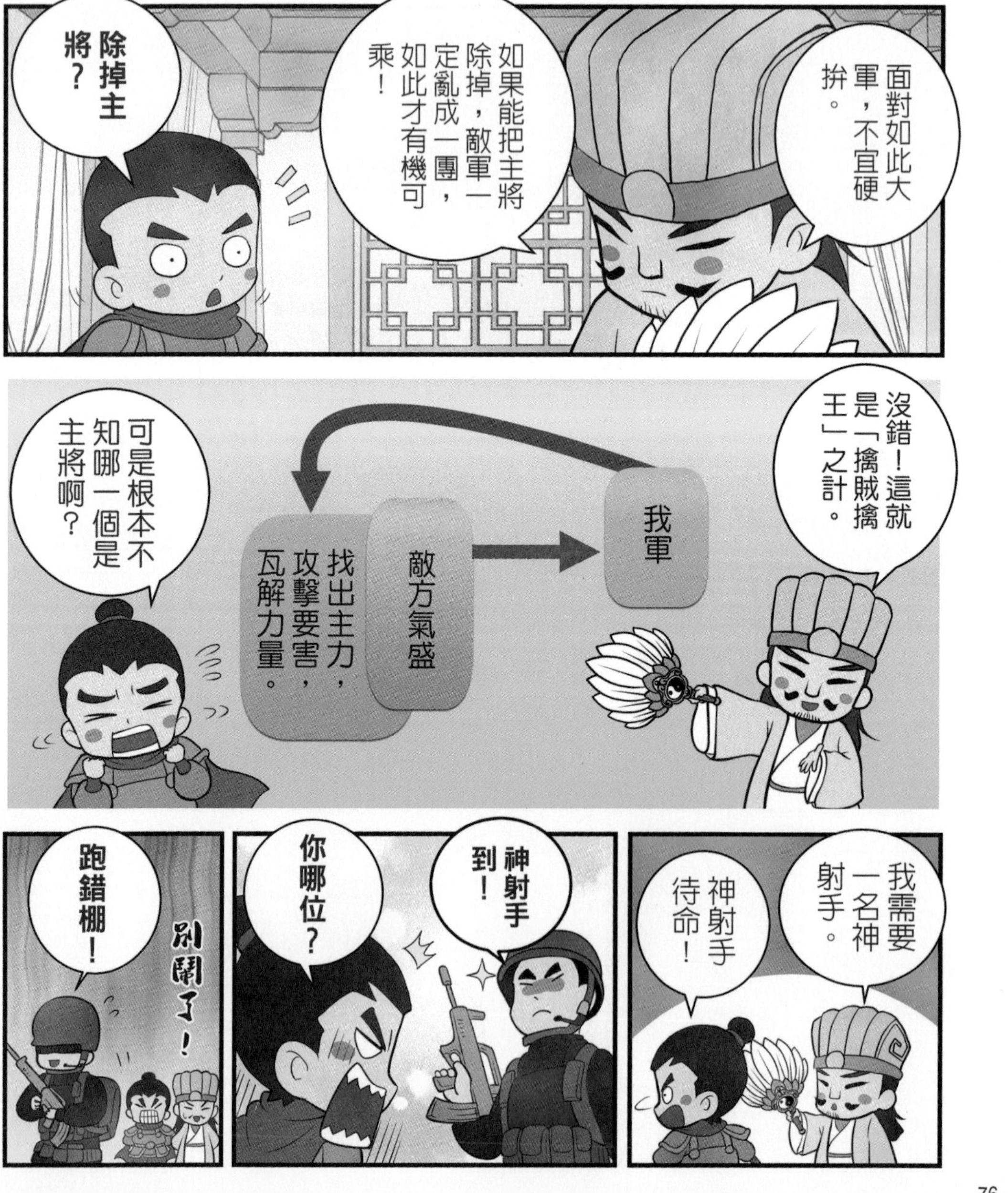
面對如此大軍，不宜硬拚。
如果能把主將除掉，敵軍一定亂成一團，如此才有機可乘！
除掉主將？
沒錯！這就是「擒賊擒王」之計。
我軍
敵方氣盛
找出主力，攻擊要害，瓦解力量。
可是根本不知哪一個是主將啊？
我需要一名神射手。
神射手待命！
神射手到！
你哪位？
跑錯棚！
別鬧了！

得先製造一些假象……
先朝城外放箭！
這個箭是蒿草桿做的，根本沒殺傷力……
正是！
敵軍一定有人會撿到箭。
怎是蒿草桿？
城中劉軍的箭一定用光了。
趕快跟主將報告！
報！發現劉軍箭已用盡……
真的？

目標
發現敵軍主將位置！
神射手放箭！
交給我！
啊！
將軍中箭了！
敵襲！
怎麼辦？
快救人啊！
撤兵！
曹軍退兵了！
摧毀敵人主力，就可瓦解整體力量。

釜底抽薪

報！敵軍堅守城門不出戰！
又是這樣！
丞相你說該怎麼辦才好？
的確不妙。
目前得知敵軍城中糧草充足。
照這樣耗，我們會先糧草殆盡……
什麼？
那我們還是撤軍好了！
你也太容易放棄了！
等等！

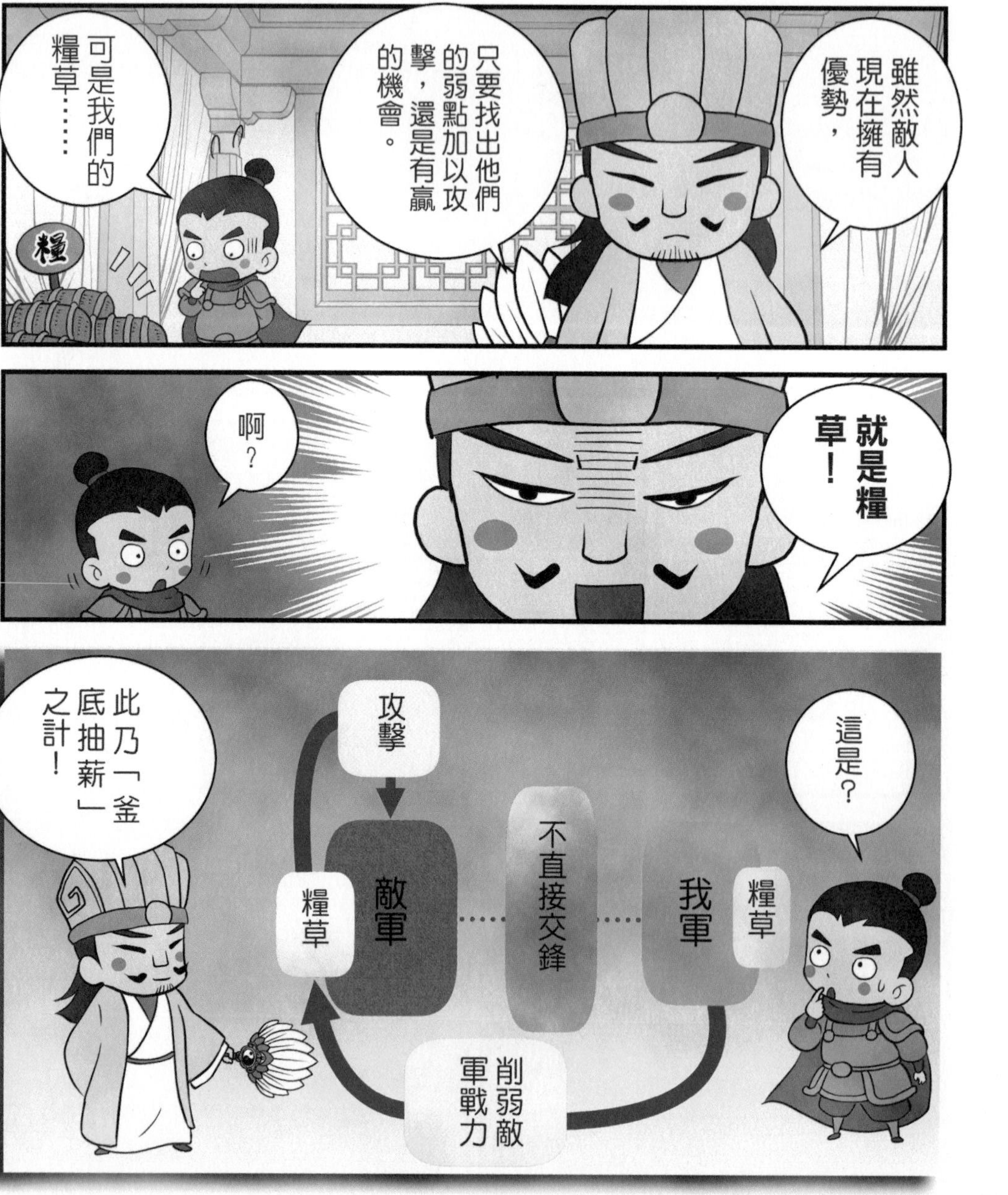
雖然敵人現在擁有優勢，
只要找出他們的弱點加以攻擊，還是有贏的機會。
可是我們的糧草……
糧
就是糧草！
啊？
這是？
此乃「釜底抽薪」之計！
攻擊
敵軍
糧草
不直接交鋒
我軍
糧草
削弱敵軍戰力

報！已找到敵軍糧倉位置。
立刻派人突襲！
糧倉被燒啦！
轟！
快救火！
轟！
有敵軍！
劉軍怎麼進來的？
似乎是假扮農民混進城的。
嚴守城池，不准再放任何人進出。
是！

大王，曹軍又堅守城池不出。
這下怎麼辦？
別急，他們沒多少糧草了，
撐不了多久！
哦？
報！敵軍城中糧草殆盡！
時間到了！
全力攻城！
喔！
對抗敵軍不宜正面衝突，應避其鋒芒。
削減敵人氣勢，再乘勝追擊。
沒糧啦！
投降了！

混水摸魚

唉！這該怎麼辦……
大王為何煩惱？
我們即將與曹軍在水上交戰。
可是交戰用的箭卻所剩無幾。
這場仗要怎麼打？
現在立刻趕製不就得了。
數量太多，我怕趕製不及呀！
要多少才夠？
十萬支箭吧！
這麼多！

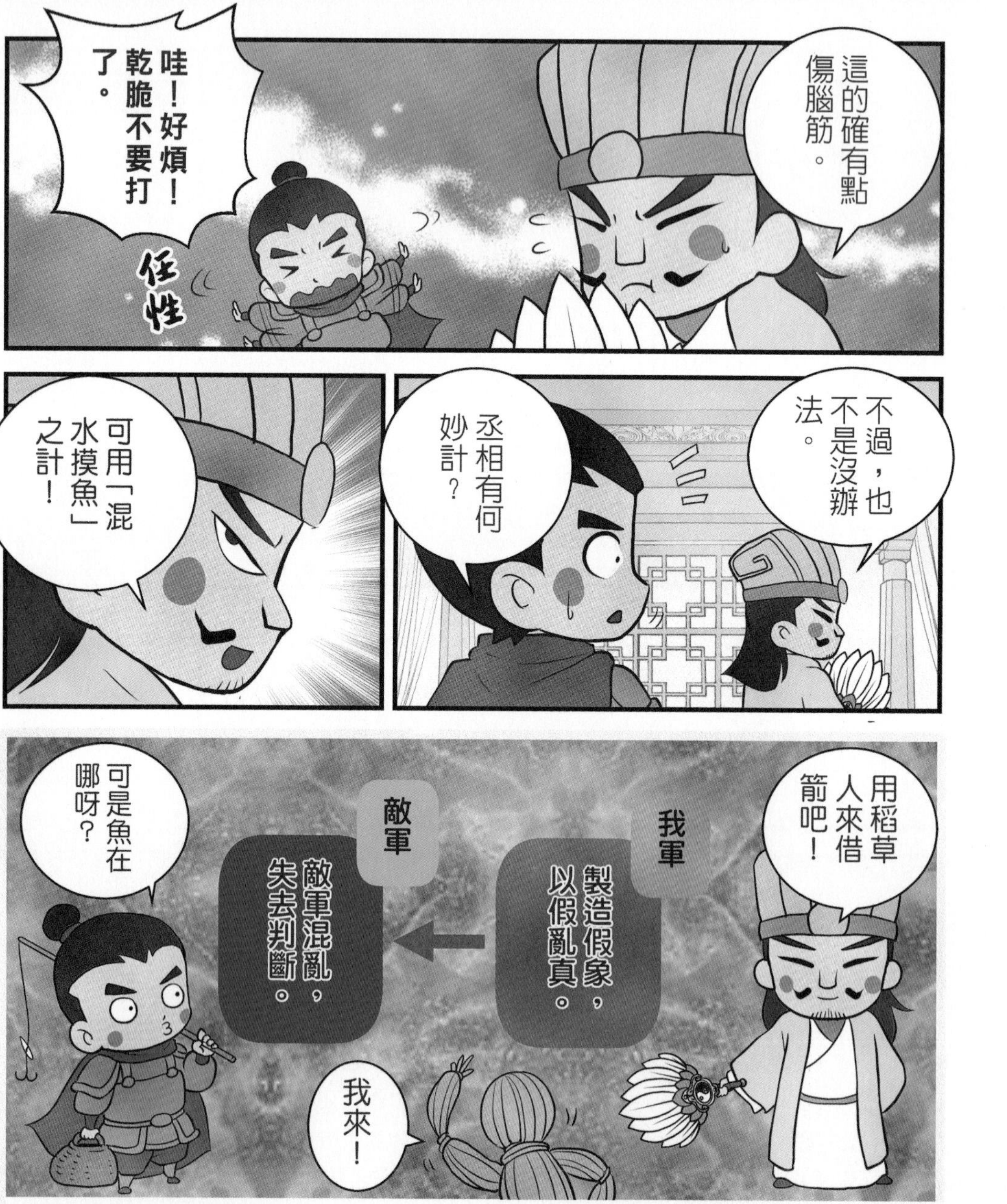
這的確有點傷腦筋。
哇！好煩！乾脆不要打了。
任性
不過，也不是沒辦法。
丞相有何妙計？
可用「混水摸魚」之計！
用稻草人來借箭吧！
我軍
製造假象，以假亂真。
敵軍
敵軍混亂，失去判斷。
可是魚在哪呀？
我來！

咚咚咚
什麼聲音？
報！河面傳來劉軍鼓聲！
哇！霧氣好重。
看不見敵軍，怎麼辦？
河面整個都是霧，恐怕有埋伏。
直接朝河中射箭，阻止敵軍靠近！
是！

霧散了！
這是？
劉軍的船退了？
船上都是稻草人？
箭都被他們回收了！
可惡！
製造混亂，謀取利益，這就是「混水摸魚」之計。

金蟬脫殼
到底該怎麼辦？
曹軍壓境，城內士兵只剩數千人，根本無力抵抗啊！
現在形勢敵衆我寡，不宜硬拚。
得想個辦法撤退，保留我軍實力……
這麼多人同時撤退一定會被發現。
……
我有妙計！

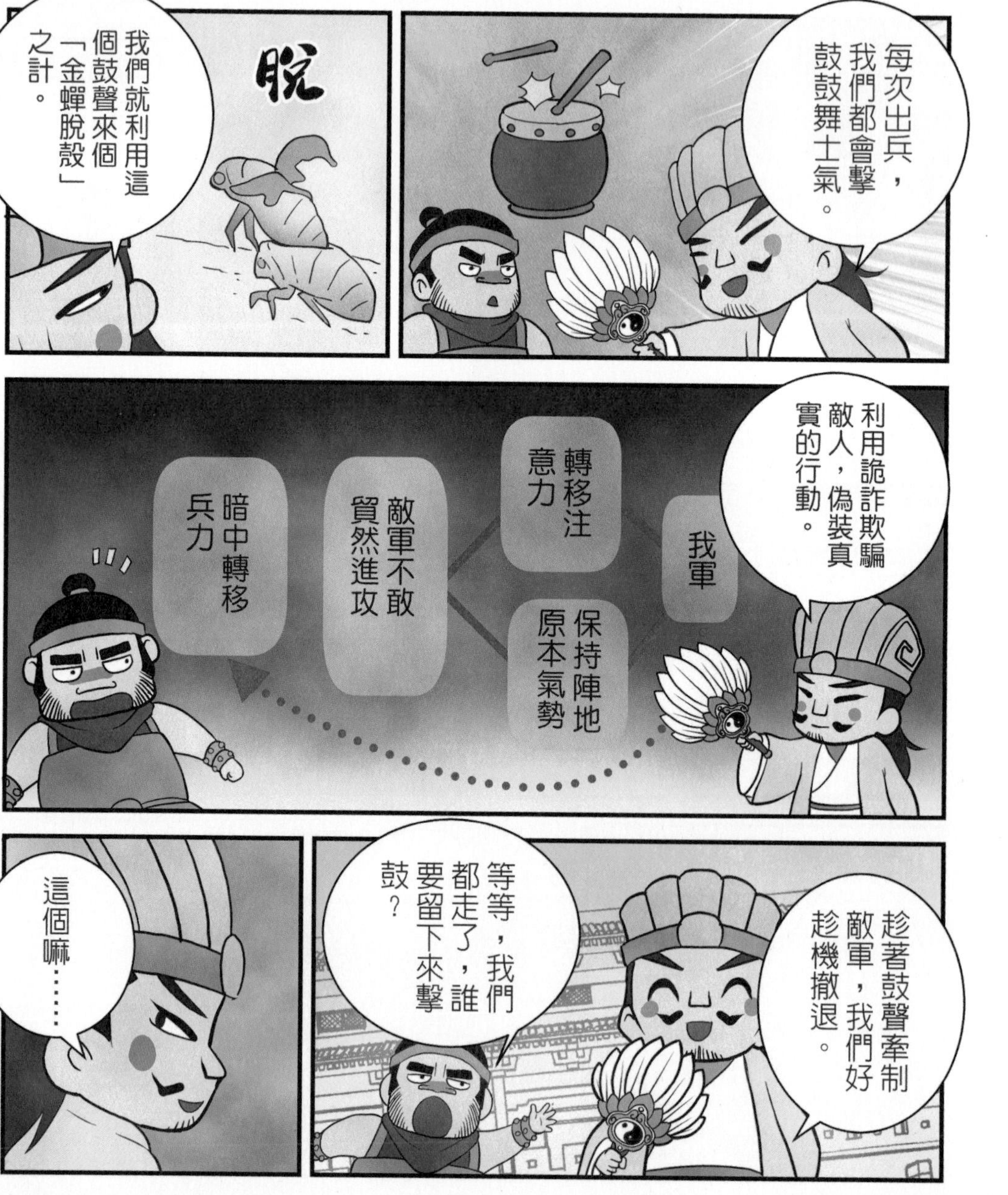
每次出兵，我們都會擊鼓鼓舞士氣。
脫
我們就利用這個鼓聲來個「金蟬脫殼」之計。
利用詭詐欺騙敵人，偽裝真實的行動。
我軍
轉移注意力
保持陣地原本氣勢
敵軍不敢貿然進攻
暗中轉移兵力
趁著鼓聲牽制敵軍，我們好趁機撤退。
等等，我們都走了，誰要留下來擊鼓？
這個嘛……

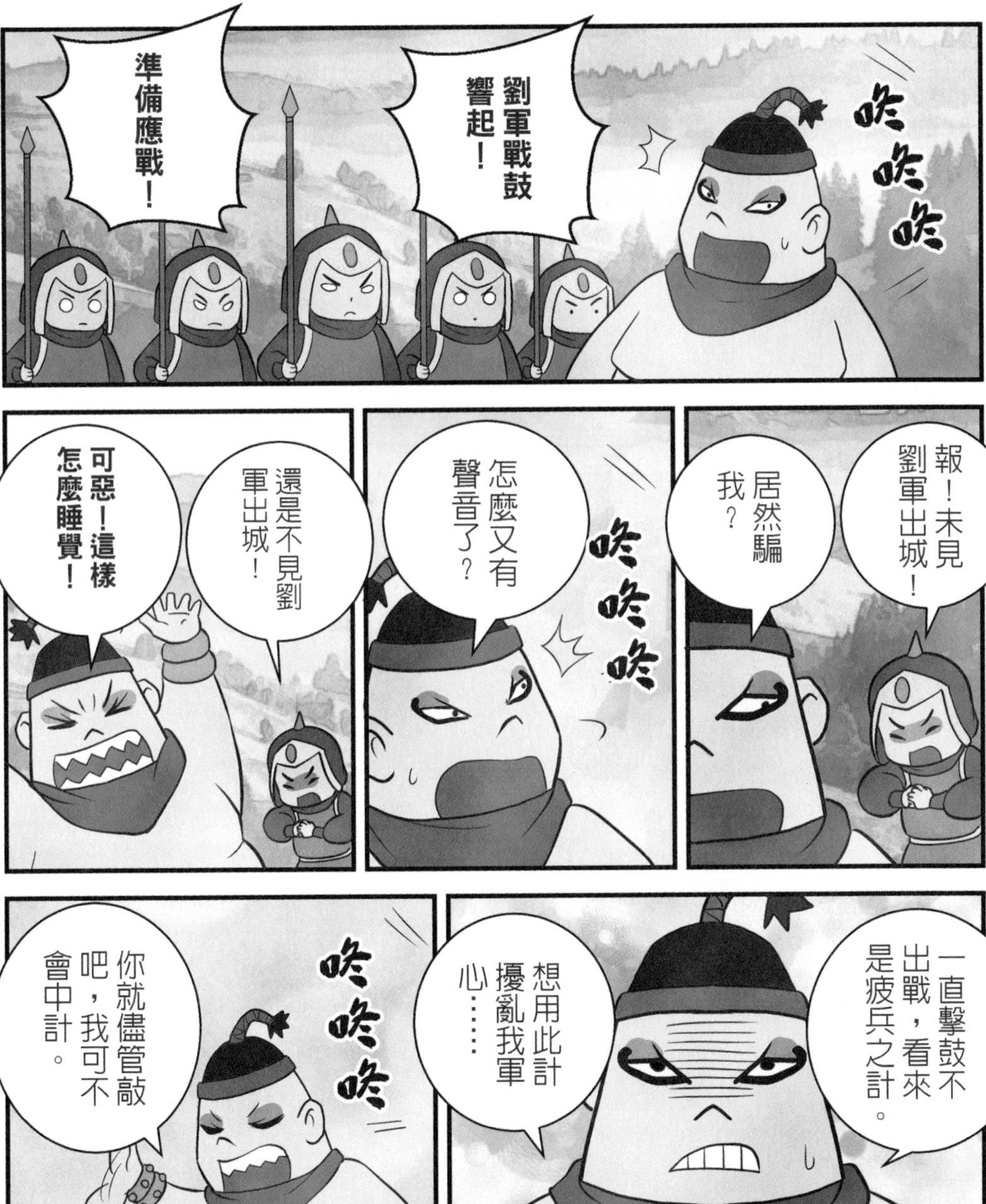
咚咚咚
劉軍戰鼓響起！
準備應戰！
報！未見劉軍出城！
居然騙我？
咚咚咚
怎麼又有聲音了？
還是不見劉軍出城！
可惡！這樣怎麼睡覺！
一直擊鼓不出戰，看來是疲兵之計。
想用此計擾亂我軍心……
咚咚咚
你就儘管敲吧，我可不會中計。

第三天
咚
鼓聲已弱，敵人開始疲憊了。
攻進城去！
這是什麼？
咚
咚
自動打鼓機
報！城中空無一人！
可惡！文中計了！
咚
咚
沒想到還有這樣東西……拍一下。
喀喳

關門捉賊

報！軍營又遭盜匪襲擊！
又來！
這幾個月被這些盜匪煩死。
人數不多，但常搶我們的糧草。
立刻派人追擊！
且慢！
丞相有妙計？
對付這種人少又不強的敵人，最好是……

將他們圍起來一網打盡！
圍起來？
沒錯！像這種零星的敵人，追擊反而不利。
散
化整為零，散啦！
必須把他們集中後再斷其後路！
那要怎麼把他們集中呢？
就讓他們來搶啊！
讓他們搶？

突襲！
進城去！
把糧草通通帶回來！
咦？
怎麼是空的？
碰
大門被關了！
是劉軍！
慘了，被包圍了。

沒有後路，看你們往那走！
可惡！中計了！

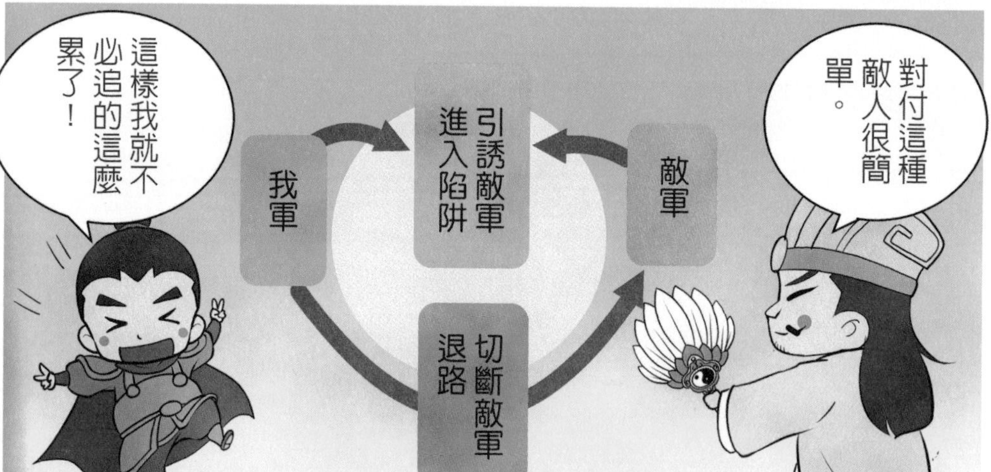
對付這種敵人很簡單。
敵軍
引誘敵軍進入陷阱
我軍
切斷敵軍退路
這樣我就不必追的這麼累了！

這招就叫「關門捉賊」。
全抓起來！
大王饒命！

遠交近攻
這該如何是好？
大王為何事擔憂？
我打算進攻隔壁的李國，
但又擔心旁邊的虞國會趁機作亂。
劉
李
虞
還是一次攻打兩國好了！
萬萬不可！
一次攻打兩國，兵力會分散。
反而是下下策！

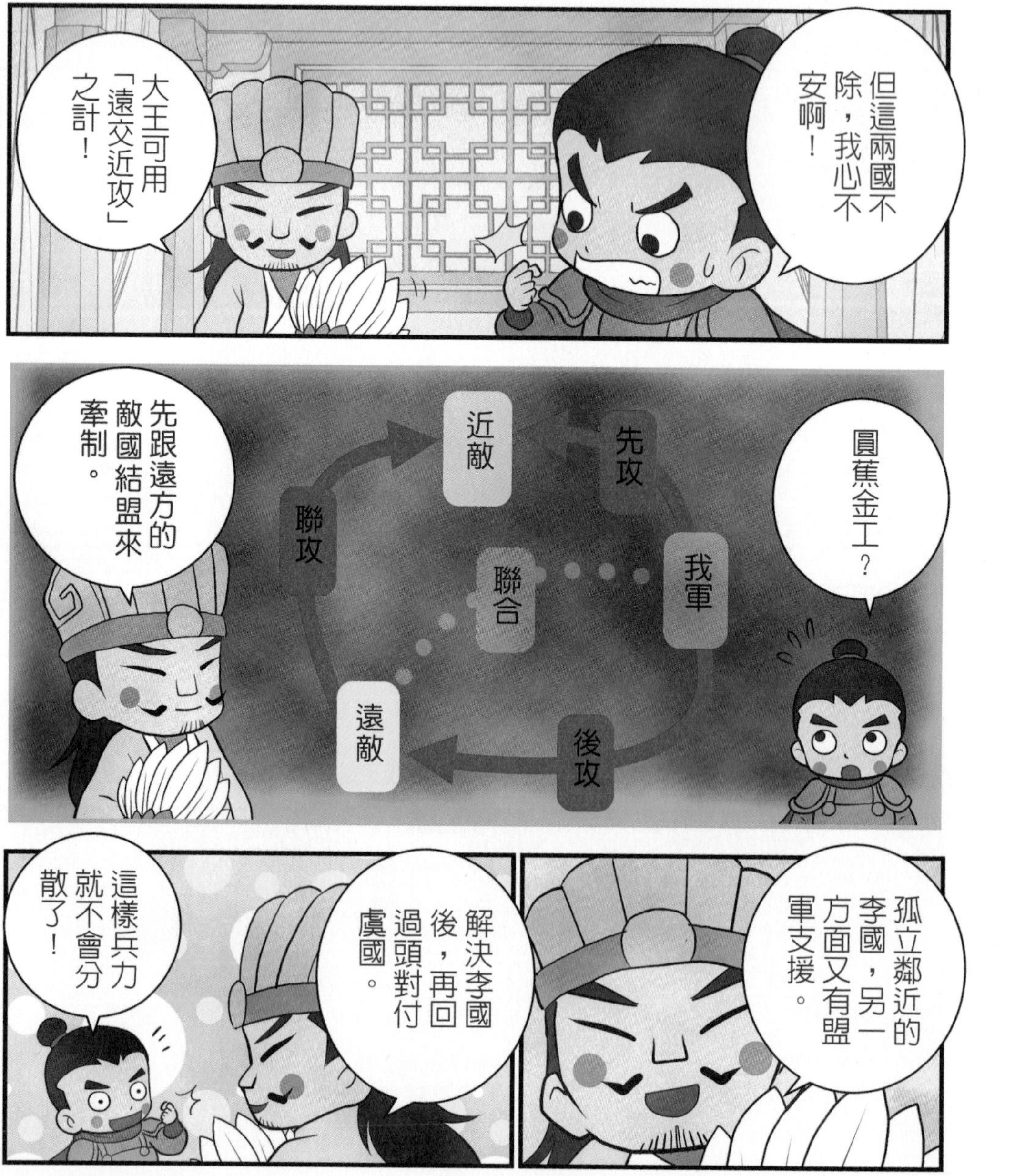
但這兩國不除，我心不安啊！
大王可用「遠交近攻」之計！
圓蕉金工？
近敵
先攻
我軍
聯合
聯攻
遠敵
後攻
先跟遠方的敵國結盟來牽制。
孤立鄰近的李國，另一方面又有盟軍支援。
解決李國後，再回過頭對付虞國。
這樣兵力就不會分散了！

立刻與虞國結盟！
虞國
劉王攻打李國干我啥事？
大王的意思是當我們攻打李國時，
您也可以趁機佔領李國的城池。
我們兩國豈不都有好處？
有道理！
好好，那就來結盟吧！
成功！
李國
劉軍攻來了！

可惡！兵力太懸殊了！
快向虞國討救兵。
報！
虞國攻打我們邊疆的城池！
什麼？
原來虞劉兩國結盟了！
大勢已去！
順利攻下李國了！
很好！下一步是……

假道伐虢

丞相上回獻計滅李國，這次該輪到虞國了吧！
大王莫急。
劉
虞國旁邊還有一個虢國，兩國彼此是同盟關係。
虢
虞
如果他們聯合起來對付我們，可就不妙了。
況且目前虞國兵力尚不足以威脅我們。
反倒是虢國比較關鍵。
虢
那依丞相之見，我該如何做呢？

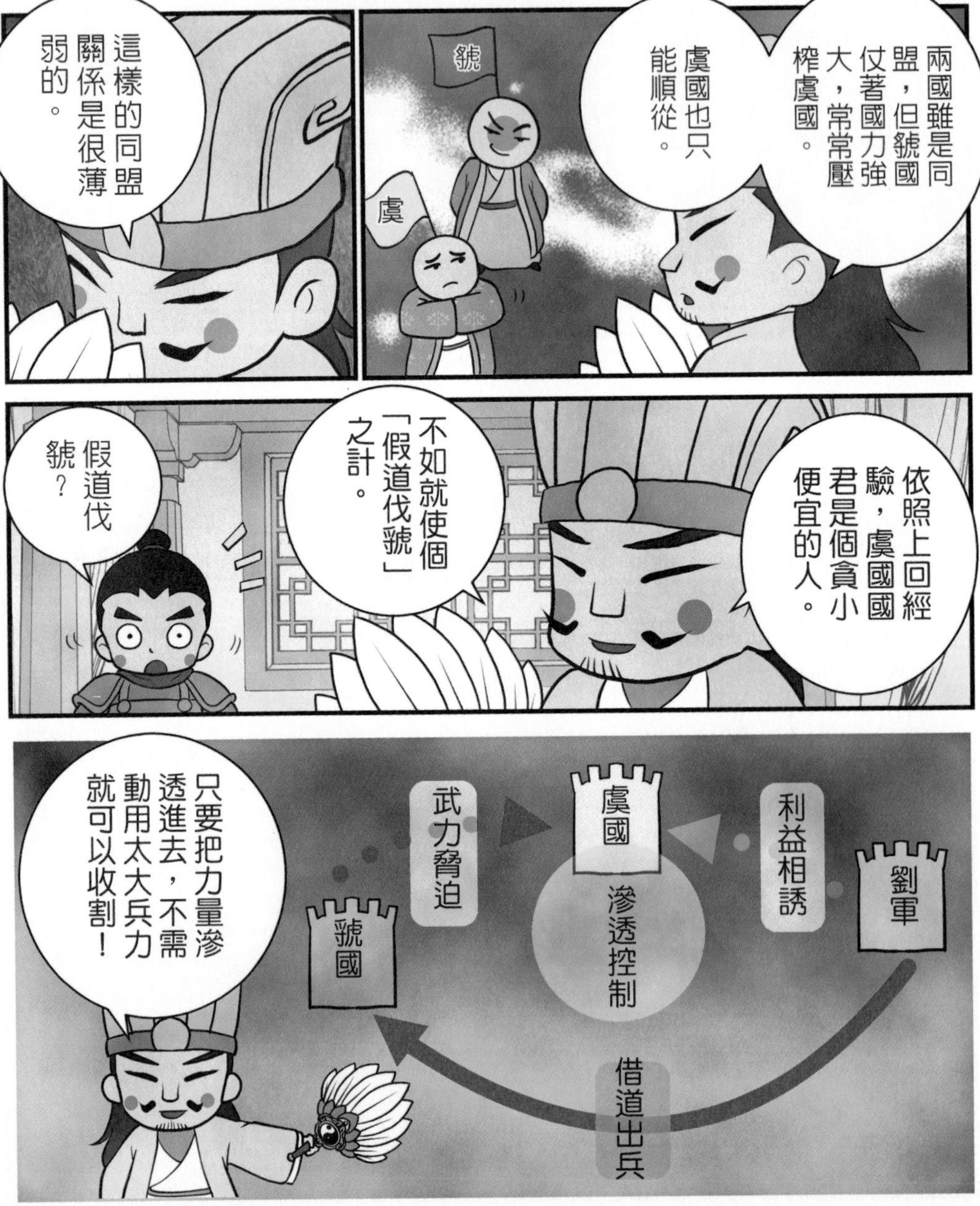
兩國雖是同盟，但虢國仗著國力強大，常常壓榨虞國。
虢
虞
虞國也只能順從。
這樣的同盟關係是很薄弱的。
依照上回經驗，虞國國君是個貪小便宜的人。
不如就使個「假道伐虢」之計。
假道伐虢？
劉軍
利益相誘
虞國
武力脅迫
滲透控制
虢國
借道出兵
只要把力量滲透進去，不需動用太大兵力就可以收割！

虞國
哦，劉國想借道攻打虢國？
功成後會送我珠寶？
我忍虢國已經許久了，當然借啦！
大王要三思啊！
虢與虞唇齒相依，一旦虢國滅了，虞國也難保。
唇亡齒寒啊！
大老你多心了。
有劉國這麼大的國家做後盾，我們才安心！
結果劉國假道虞國，滅了虢國……

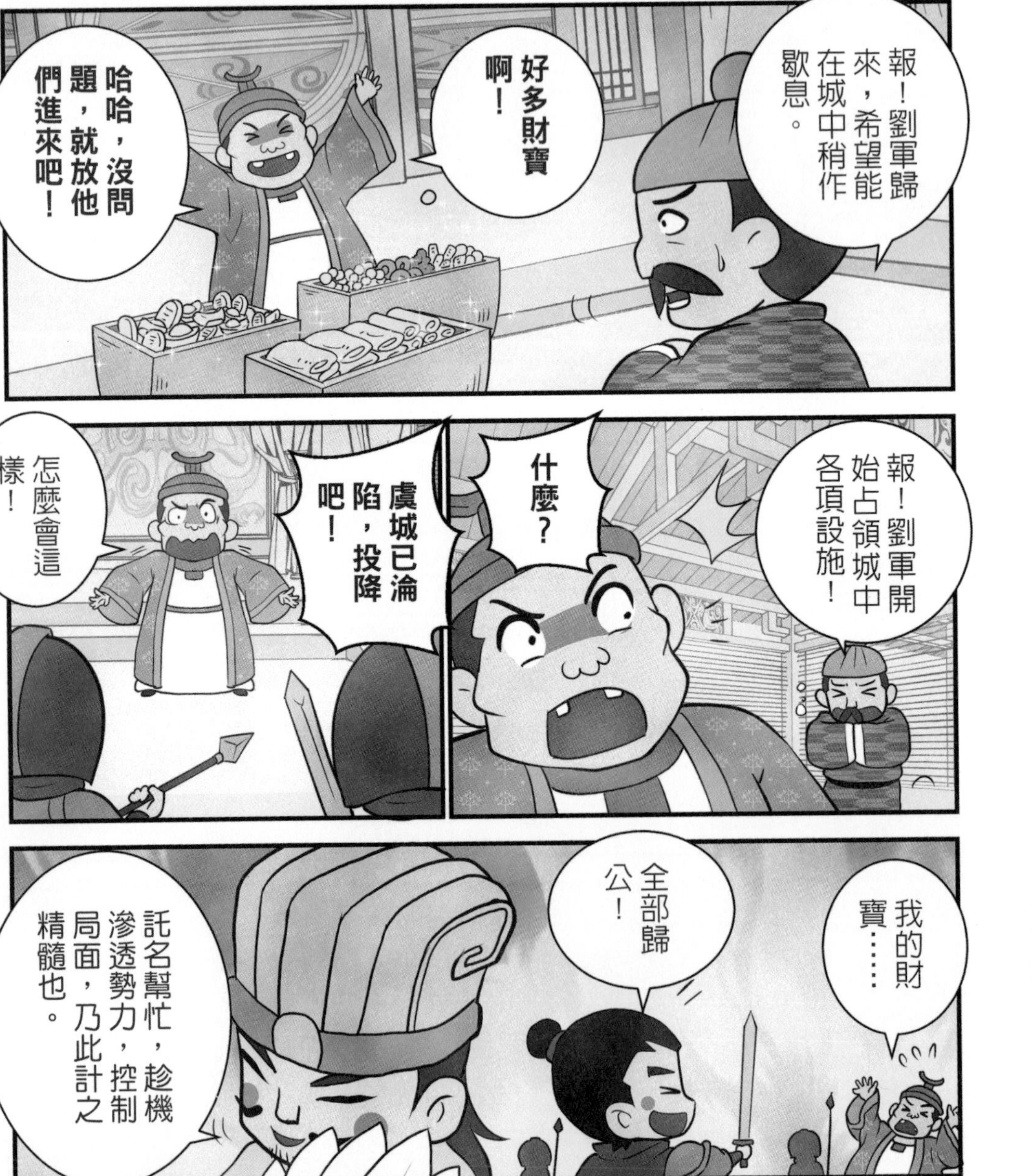

報！劉軍歸來，希望能在城中稍作歇息。
好多財寶啊！
哈哈，沒問題，就放他們進來吧！
報！劉軍開始占領城中各項設施！
什麼？
虞城已淪陷，投降吧！
怎麼會這樣！
我的財寶……
全部歸公！
託名幫忙，趁機滲透勢力，控制局面，乃此計之精髓也。

偷梁換柱
什麼？這種水果叫我該怎麼賣？
都燻黑長黑點了，賣相不好哇！
就前陣子大火造成的，你便宜賣。
要不，可沒貨批給你。
就這麼說定了。
啊！老闆等等……
可惡！無良奸商！
新鮮水果便宜賣喔！
好黑的水果。
看起來不新鮮！

哇啊！根本賣不出去啦！
嗯！這水果味道還不錯啊！
只是行銷手法要改一下。
求丞相賜教！
用一招「偷梁換柱」就可以了。
我軍
不斷改變陣形
用計調開敵兵
敵方自亂陣腳，不攻自破
敵軍
我軍趁機攻佔敵軍
等等，這聽起來是要打仗了嗎？
計謀的道理是一樣的，
看你如何運用而已。
我教你……

來來來喔！
來嚐嚐遠自西域來的奇珍異果。
西域來的？
怎麼看起來像是燻黑的水果？
還賣得這麼貴？
這你就不懂了，這水果收成後，
得再用火催熟，是西域獨特的做法。
來，嘗嘗看。
哇！真的很好吃！
我也來嚐嚐。
老闆，來個十斤。
我也要！

感謝丞相賜計，不但貨出去，錢也進來了。
怎麼回事？
還有這種計謀？
來人啊，快把水果都拿去燻黑。
是！
你是水果店老闆吧！
有人檢舉你賣假貨！
怎麼會這樣？
暗中玩弄手法，以假代真，此計之精髓也。

指桑罵槐

我正在下一個關鍵棋，等等……
哈哈，大王您慢慢來，不急不急。
……
也太久了吧！
又不能直接對大王發火。
對了！
可用「指桑罵槐」之計！

丞相？
咚
咚
喝！
啪
啊？
放著國家的事不管，在這裡下棋。
你怎麼對得起黎民百姓？
對……對不起啦！
！
丞相快住手，我知錯了！
哦！大王你有空啦？
趕快去處理正事！
救救我……

此計本是間接訓誡部下，以使其服從的謀略。
關我什麼事？
用在軍事上，對於弱小的敵人，可用警告利誘的方式。
那為何打我？
面對強大對手，則以旁敲側擊威懾他。
好了，換我來跟你下盤棋吧。
閃
不會又打我吧……

假癡不癲

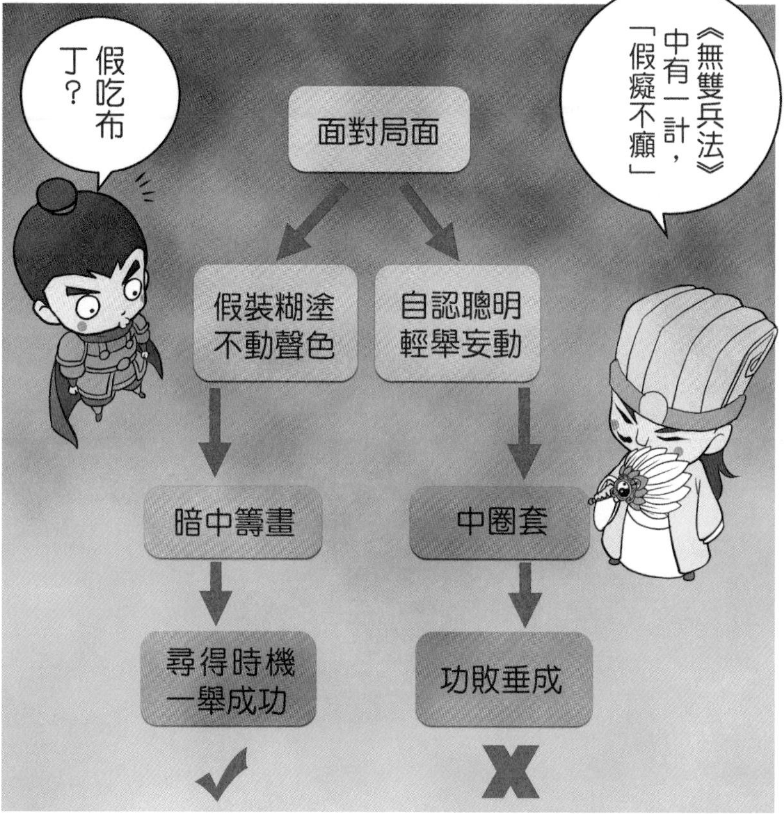
《無雙兵法》中有一計，「假癡不癲」
假吃布丁？
面對局面
假裝糊塗
不動聲色
自認聰明
輕舉妄動
暗中籌畫
中圈套
尋得時機
一舉成功
功敗垂成

這個意思就是，當自己有實力，卻故意隱藏。
裝糊塗來欺騙敵人。
不就是裝傻，這我最會了！

話說上次大王與曹國大王對談，不知如何脫身的？
說到那次對談，真是嚇死我了。
怎說？
那次曹國請我過去作客……
來來來，儘管吃！
不知阿劉你對天下英雄的看法？
英雄？
你認為當今之世誰有資格稱為英雄？

我覺得畫漫畫的曾老師，還有企鵝主編堪稱當代英雄……
他們是誰啊？
轟——
我倒覺得天下英雄只有我和你啦！
怎麼了？
被雷聲嚇掉了筷子……
被雷聲嚇……
也太孬了吧！
真有趣，真有趣！
哈哈哈！

結果那頓飯後，我被嚇得提早回國。
嚇死人了
沒想到那時你就會假癡不癲了！
我真是太小看你了。
怎麼說？
你不是假裝被雷嚇到，讓曹國國王以為你很孬的嗎？
不是，我是真的被雷嚇到吃手手！
……
總之，寧願假裝不知道而不採取行動。
不要假裝知道而輕舉妄動，才是此計之精髓。
所以說那時候，如果……

上屋抽梯

該如何是好……
大王？？怎麼了？
一直無法抓住城外的山賊，真傷腦筋。
如果能把他們騙出來就好了。
我倒是有一計可以把他們騙出來。
甚至將他們一網打盡。
有這種計策？

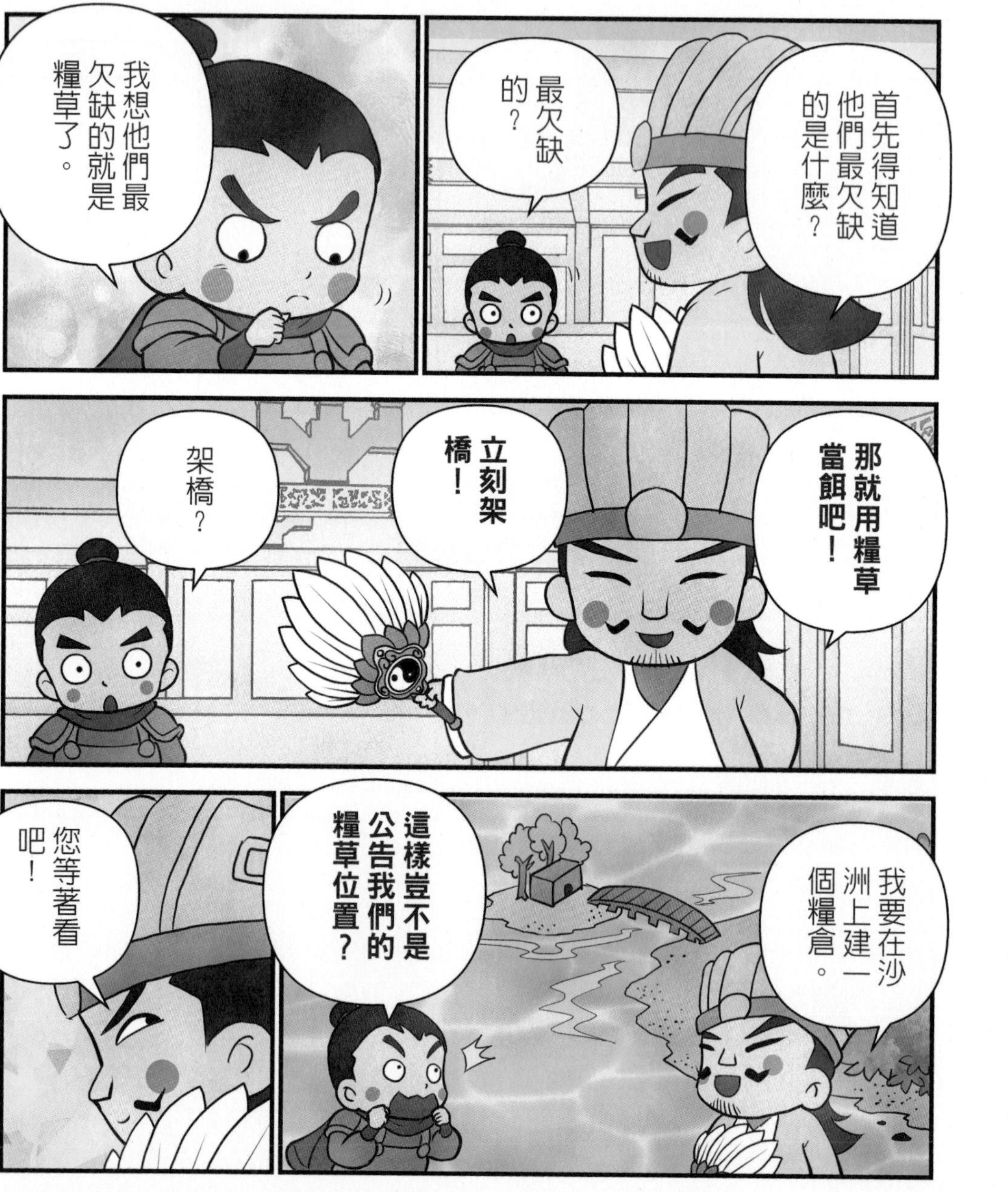
首先得知道他們最欠缺的是什麼？
最欠缺的？
我想他們最欠缺的就是糧草了。
那就用糧草當餌吧！
立刻架橋！
架橋？
我要在沙洲上建一個糧倉。
這樣豈不是公告我們的糧草位置？
您等著看吧！

老大，劉軍在沙洲架橋建了糧倉。
此話當真？
弟兄們快上，拿下糧倉！
是！
衝啊！
哈哈，真是得來不用費功夫！
還幫我們架橋，真是太方便了！
啊？

糧倉是空的！
可惡！中計了，快退！
連接的橋被燒掉了！
什……什麼？
這下卡在沙洲，進退不得啊！
投降！
太好了，這是什麼計策呀？
此招乃是「上屋抽梯」之計！
誘敵
故意展現破綻
故意展現利益
敵軍進入埋伏
切斷敵軍後援
敵軍陷入絕境
等對方上鉤後，就隨我宰割了！

樹上開花
真糟糕，軍力太懸殊了。
大王又在擔憂什麼呢？
曹軍大軍壓境，我軍來不及備援！
的確緩不濟急……
等等！看丞相老神在在，莫非有好計策？
沒錯！這時就要用「樹上開花」這一招了！
樹上開花？現在種樹都來不及了。
還開花……

跟種樹沒關係，只是虛張聲勢。
我軍
弱
借助外在勢力
虛張聲勢
產生畏懼疑惑
敵軍
強
要怎麼虛張聲勢？
吩咐城中居民集中食物。
現在食物短缺，這麼做的話……
我們要祭祀祖先！
什麼？

報！劉城上空忽然出現大量飛鳥！
這是怎麼回事？
天神顯靈，上天將派神將將過來助陣！
連飛鳥都過來朝拜！
劉城將受神保護，與神作對者將遭厄運！
!
怎麼會這樣？
好可怕！
你看那些鳥……
人心惶惶
跟神做對一定會倒大楣的！

啊啊啊！
軍心渙散
可……可惡！先退兵吧！
曹軍退兵了！
果然騙倒他們！
利用假象騙倒對手，乃此計之精髓。
可是這些鳥該怎麼辦？
都是鳥屎……
趕不走啊！

反客為主
又到了十年一度的國際武術競賽！
今年會是由哪國的高手奪冠呢？
報
熱門的奪冠選手依舊是地主國……
曹國的賽將軍！
勝
勇
勝
勝
地主國就是有主場優勢！
光是聲勢就嚇死人了！
哇！看這氣勢，實在不妙……
勝
勝
勝

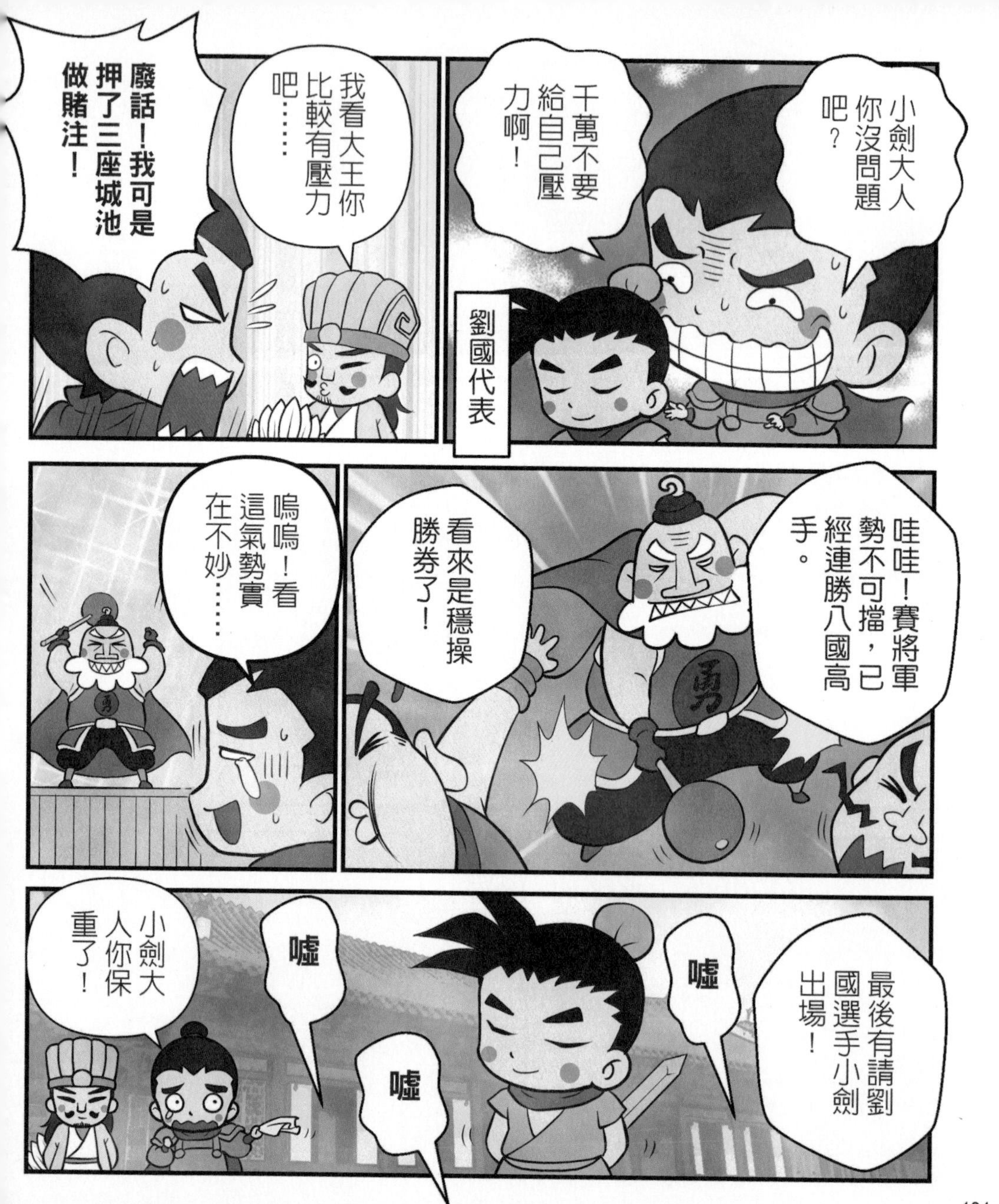
小劍大人你沒問題吧？
千萬不要給自己壓力啊！
劉國代表
我看大王你比較有壓力吧……
廢話！我可是押了三座城池做賭注！
哇哇！賽將軍勢不可擋，已經連勝八國高手。
看來是穩操勝券了！
嗚嗚！看這氣勢實在不妙……
最後有請劉國選手小劍出場！
噓
噓
噓
小劍大人你保重了！

賽將軍一上場就發動攻擊！
看來小劍選手命在旦夕啊！
小劍選手反轉攻擊！
賽將軍受到重擊！
真是太精彩了！
啪
太棒了！
小劍選手的表現卓越，場內加油聲不斷。
小劍
小劍
小劍
咻

喔喔喔喔！
逆轉勝！
劉國小劍選手奪冠！
嘩
嘩
好一招「反客為主」啊！
針對敵人漏洞，趁機而入。
控制敵人要害。
掌握敵人優勢，轉換為自己使用。
轉化主客立場，進而取代控制主方的計謀。
贏了贏了！
你竟然輸了，拖去斬了！
大王饒命！

美人計
報！李國又發兵攻打我們了。
又來！
怎麼了？
隔壁李國，每當我們與曹國對戰，
都會從旁扯後腿，不知有辦法解決否？
李國目前兵強馬壯，一時間無法攻克……
難道就任他宰割嗎？
聽說李國國君是個好色之徒……

施個「美人計」應該有效！
美人痣？
進獻美人以迷心智。
士氣消沉喪失戰鬥力。
趁勢瓦解敵人。
腰痛
那個黑眼圈是怎麼回事？
沒錯！
利用美女，轉移李國國王的注意力！
然後他就會荒廢朝政……
此計甚妙！

立即甄選我國美女送過去！
選美標準
是！
李國
劉國甄選美人送我？快快呈上！
久聞劉國美女如雲，這下可賺到了！
美人久等了。
雀躍

來來來，美人轉身我看看。
是！
你！
大王！
轟隆
哇啊啊啊啊！有鬼啊！
報！李王駕崩！
聽說是被嚇死的。
「美人計」奏效！
等等，你甄選的標準……
算了，目的達到就好……

空城計
快撤！
曹國大軍就要來了！
報！曹軍已快到城外了！
什麼？
還有人沒撤呀！
讓我殺出去拖延一下！
等等！
待我生出一計來試試！

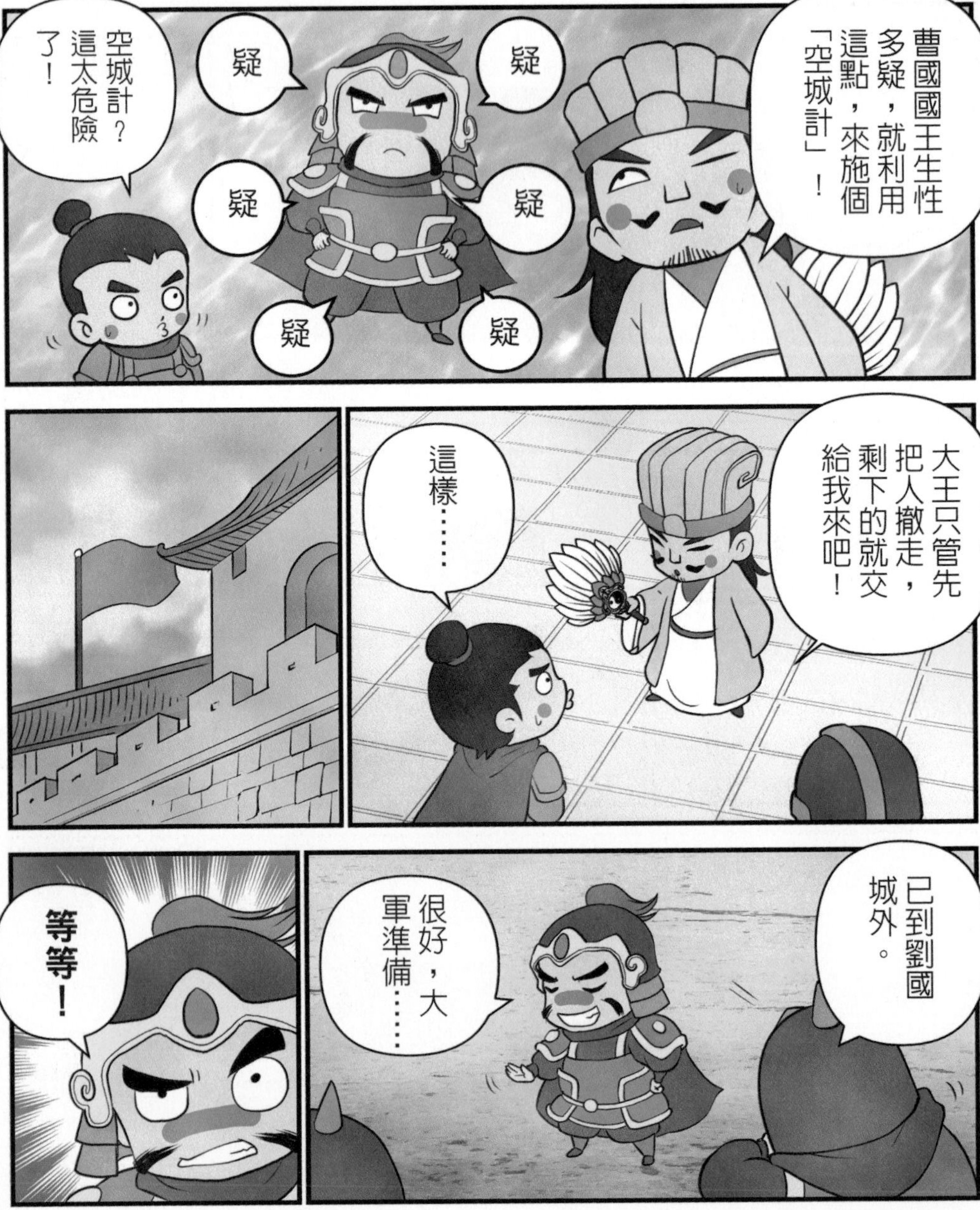
曹國國王生性多疑，就利用這點，來施個「空城計」！
疑
疑
疑
疑
疑
疑
空城計？這太危險了！
大王只管先把人撤走，剩下的就交給我來吧！
這樣……
已到劉國城外。
很好，大軍準備……
等等！

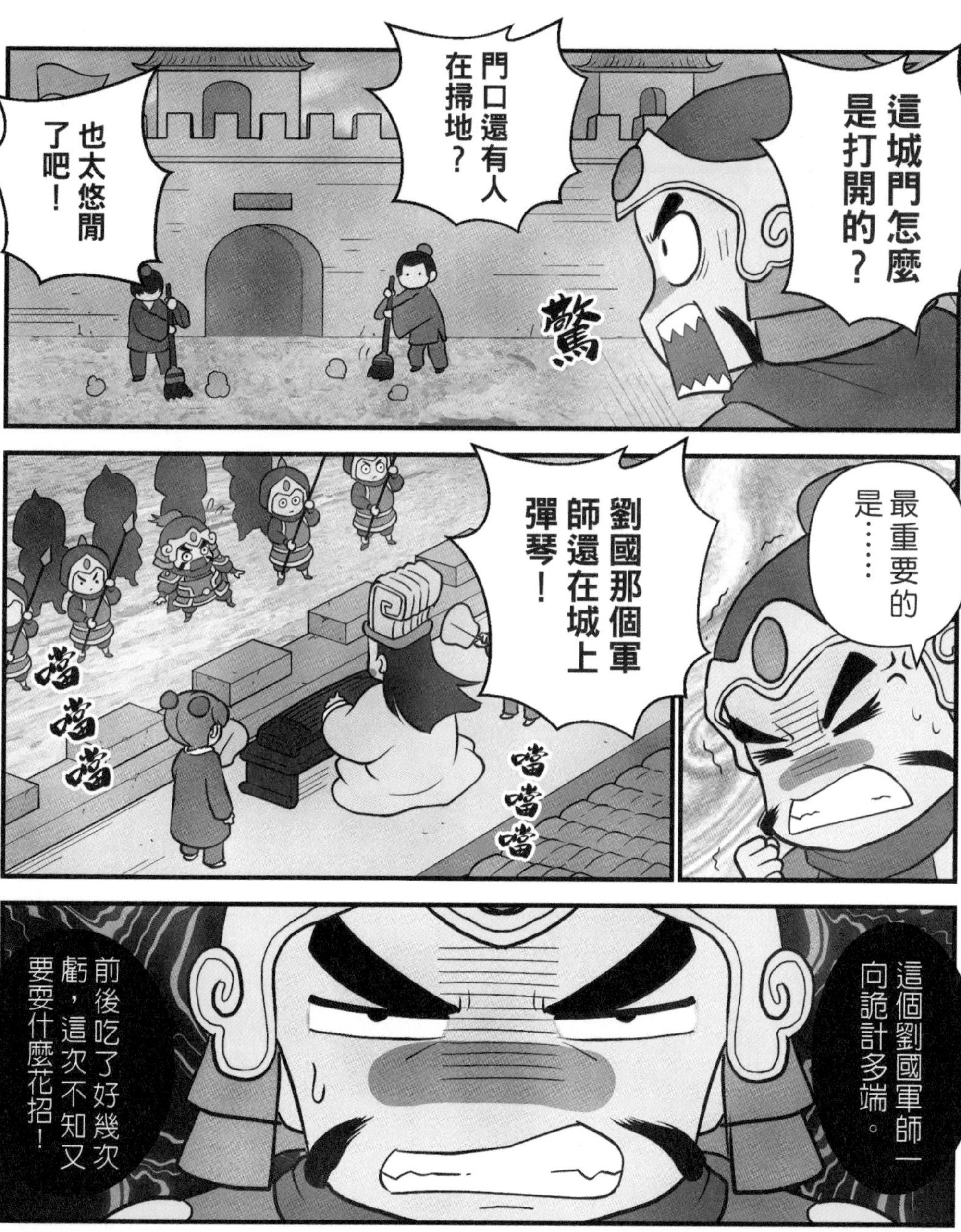
這城門怎麼是打開的？
門口還有人在掃地？
也太悠閒了吧！
驚
最重要的是……
劉國那個軍師還在城上彈琴！
噹噹噹
噹噹噹
這個劉國軍師一向詭計多端。
前後吃了好幾次虧，這次不知又要耍什麼花招！

我可不會上當！
哇！曹軍竟然退兵了？
這是怎麼回事？
這是險招啊！
兵力空虛
故意展現空虛狀態給敵方看
敵方產生疑慮
敵將多疑
敵方不敢貿然進攻
幸好曹軍中計……
如果他沒中計，那……
本故事就提早完結了！

反間計

報！曹國李將軍又攻下一座城池！
怎麼會這樣？
感覺我們的每一步棋都被掌握了。
嗯，我也覺得有問題……
丞相的意思是？
有間諜！
果然！
快來人呀！

大王稍安勿躁，
千萬別打草驚蛇。
哇啊，那該怎麼辦？
既然知道身邊有間諜，不如好好利用一下。
我方
利用敵方間諜傳遞假情報
敵方
誤判情報遭受損失
怎麼利用呢？
就如此如此，這般這般……
偷偷摸摸

大王跟曹國的李將軍密謀得如何？
已經答應我給的條件。
李將軍？
真是不枉我故意輸了幾座城池，幫他爭取曹國的信任……
看來時機成熟了……
大事不好，趕緊通報！
曹國
什麼？李將軍竟然私通外敵？
在下親耳所聞！

可惡，立刻撤銷他的兵權。
軍法嚴懲！
收到！
劉國
報！曹國李將軍已被革職……
太好了！
沒想到放個假消息就可以除掉心腹大患。
這就是「反間計」的功效啊！

苦肉計

可惡！曹軍壓境，我軍士氣低迷。
再這樣下去遲早被攻破……
大王莫慌。
咚
只要想個法子激勵士氣不就得了。
丞相可有好計策？
可能要大王配合一下。
只要能激勵士氣擊敗曹軍，怎樣辛苦，我都願意。
不用脫衣服啦！
小朋友看到不好……

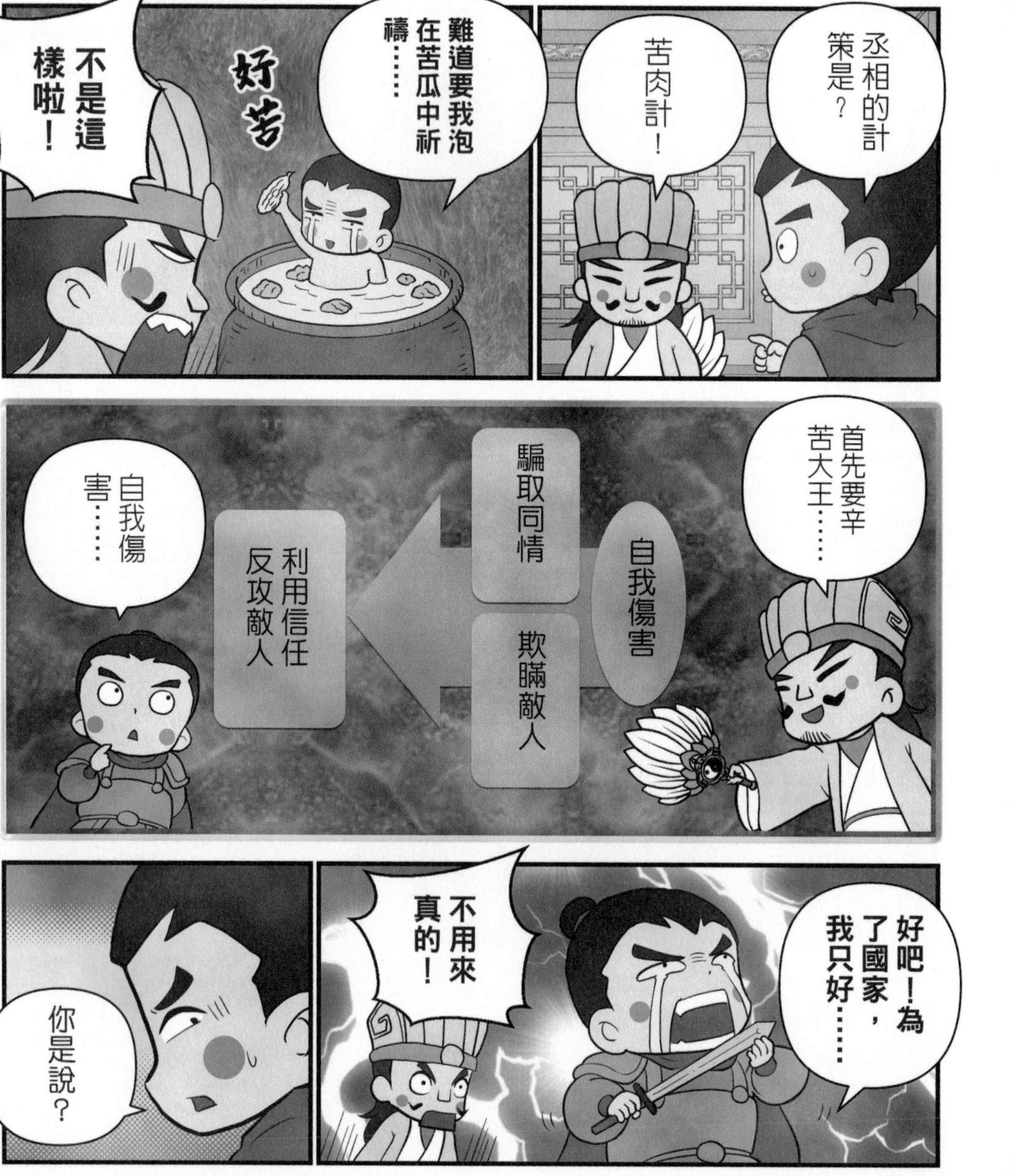
丞相的計策是？
苦肉計！
難道要我泡在苦瓜中祈禱……
好苦
不是這樣啦！
首先要辛苦大王……
自我傷害
騙取同情
欺瞞敵人
利用信任反攻敵人
自我傷害……
好吧！為了國家，我只好……
不用來真的！
你是說？

啪咚
怎麼了？
大王巡視時，被曹軍刺客傷了！
什麼？
大王不要緊吧！
曹軍太可惡了！
欺人太甚！
群起激憤
我們不能坐以待斃！
報！劉君受傷，生死不明。
真的！
太好了，趁劉國無主，立刻進攻！

喔！
喔！
雖然我受傷了，但我的心與各位同在！
各位振作！
太好了！
大王沒事！
踏
讓我們上下一心，擊退曹軍吧！
殺殺殺殺！
哇啊啊啊，哪裡冒出來的士氣啦！
假受傷，裝得像一點。

連環計
衝啊！今天就把此城拿下！
攻擊
攻擊
防守！防守！不要鬆懈！
防禦
防禦
哇啊啊啊！
兵力太懸殊！這下完蛋了！
嘩
嘩
噹噹噹
噹噹噹
丞相此時竟然還有閒情彈琴？

大王擔心什麼？
曹國已與隔壁的李國聯盟。
陳
劉
曹
李
甚至陳國也都要派兵過來支援曹國。
三方夾擊，我看真的要提早完結篇了……
……
哭哭
別擔心，會有轉機的。
什麼？
殺——
殺——

哈哈哈！
這次滅了劉國，《無雙兵法》就是我的了！
陳國答應過來支援的軍隊呢？
報！
陳國沒有出兵，似乎反悔了！
什麼？
報！李國毀壞盟約，攻擊我國……
居然！
啊啊啊！怎麼會這樣？
不是都講好了？怎麼在這個緊要關頭……
可惡！

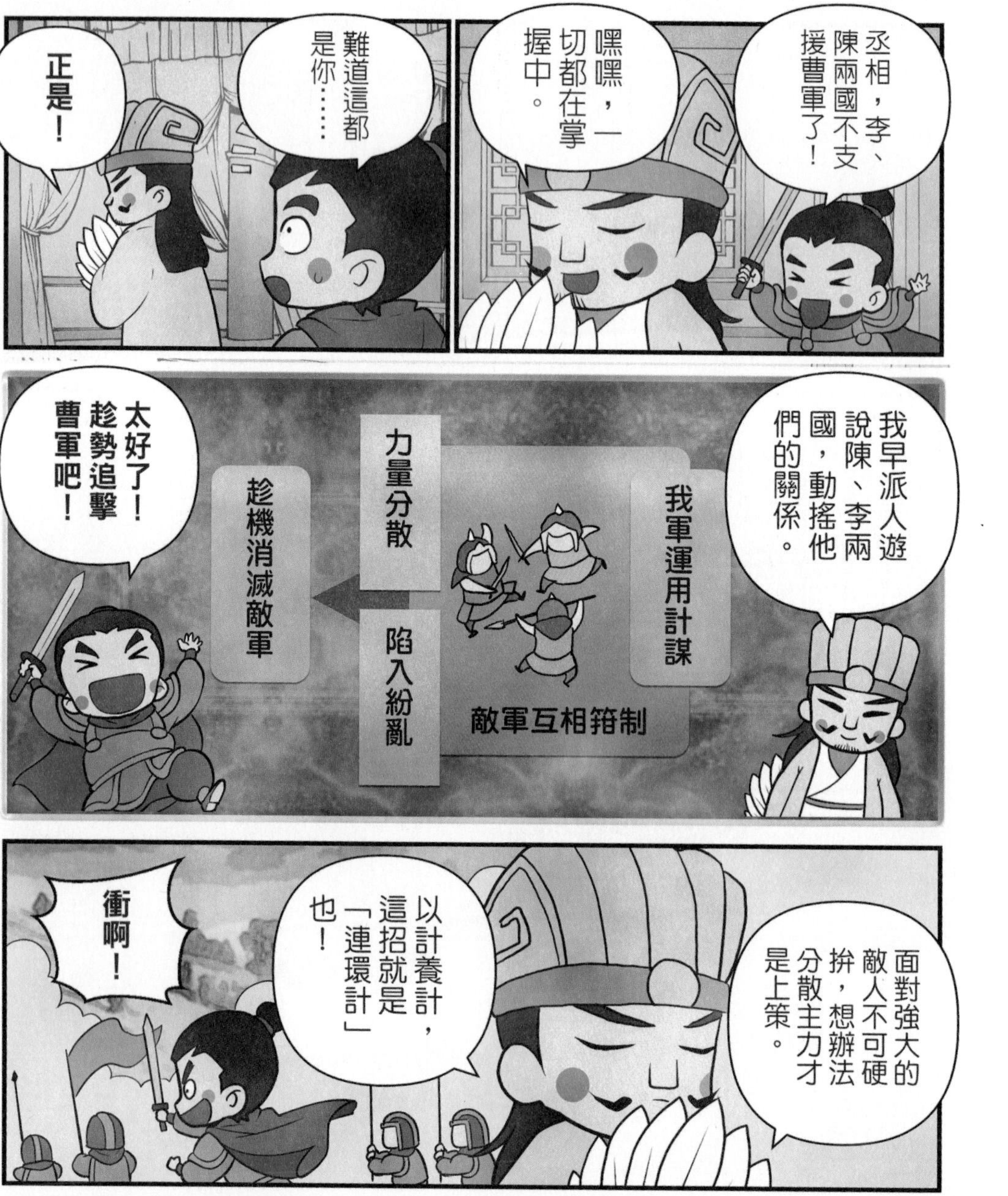
丞相，李、陳兩國不支援曹軍了！
嘿嘿，一切都在掌握中。
難道這都是你……
正是！
我早派人遊說陳、李兩國，動搖他們的關係。
我軍運用計謀
敵軍互相箝制
力量分散
陷入紛亂
趁機消滅敵軍
太好了！趁勢追擊曹軍吧！
面對強大的敵人不可硬拚，想辦法分散主力才是上策。
以計養計，這招就是「連環計」也！
衝啊！

走為上策
嘩——
嘩——
大王！大王！
劉軍攻來了！
可惡！
傳說中的兵法，只要得到它就可以得天下！
我耗費好幾期漫畫連載的兵力，就是為了得到它！

好不容易打到這……
怎麼可以放棄！
喝！
喝！
快給我搜！
務必找出《無雙兵法》！
翻箱倒櫃
是！
找到了！
真的？
快拿給我看！

果真沒錯！真是《無雙兵法》！
這下，天下就是我的囊中物了！
大王，劉軍迫近，該怎麼辦？
沒關係，只要使用兵法，一切都不是問題。
!!
內頁怎麼都被撕掉了？
只剩最後一計了……
有股味道
這一定是精華……

最後一計……
最後一計
走為上策
走為上策！
大王！
撐不住了！
啊啊啊啊啊！
我的天下啊！

以戰止戰
由於擊敗曹國，劉國舉行盛大慶典。
嘩
來開派對吧！
嘩
嘩
嘩
丞相，多虧了你的計策，讓我們順利擊敗曹軍！
不敢不敢，多虧兵法，我們才能度過難關！

對了！我有個想法……
既然我們有《無雙兵法》這麼好的東西……
何不……
運用兵法，一統天下！
萬歲！
一統天下
唯我獨尊
大王，萬萬不可！
嗯？
你看現在，舉國歡騰，百姓安樂。
這不正是我們長久追求的和平嗎？

兵法存在的目的，是要減低傷亡，而不是為了戰爭。
戰爭實是勞民傷財啊！
的確！
不費一兵一卒就可達到目的，這才是兵法精髓。
不戰而屈人之兵，善之善者也，這在《孫子兵法》也有提到。
什麼？還有《孫子兵法》這個東西？
當然，世上兵法千百種……
我……我還是不打仗好了……
啊？大王，我還沒講完啊！
……

《三十六計》除了是計謀策略外，也常被引用在文章。
計謀再厲害，不懂得活用，也是無法發揮效果。
不過，和平的日子並沒有太久……
嘩
嘩
這裡就是中原……
犬犬國王
孩子們，衝啊！
這……又是另一個故事的開始了……
完

【三十六計原文檢索】

三十六計共分六套，分別為勝戰計、敵戰計、攻戰計、混戰計、並戰計、敗戰計。每套各包含六計，故為三十六計。前三套是用於優勢之計，後三套是用於劣勢之計，以下提供原文供大家檢索。

勝戰計

第一計　瞞天過海　原文：備周則意怠；常見則不疑。陰在陽之內，不在陽之對。太陽，太陰。

第二計　圍魏救趙　原文：共敵不如分敵；敵陽不如敵陰。

第三計　借刀殺人　原文：敵已明，友示定，引友殺敵，不自出力，以《損》推演。

第四計　以逸待勞　原文：困敵之勢，不以戰；損剛益柔。

第五計　趁火打劫　原文：敵之害大，就勢取利。剛決柔也。

第六計　聲東擊西　原文：亂志亂萃，不虞，坤下兌上之象；利其不自主而取之。

敵戰計

第七計　無中生有　原文：誑也，非誑也，實其所誑也。少陰、太陰、太陽。

第八計　暗渡陳倉　原文：示之以動，利其靜而有主，益動而巽。

第九計　隔岸觀火　原文：陽乖序亂，陰以待逆。暴戾恣睢，其勢自斃。順以動豫，豫順以動。

第十計　笑裡藏刀　原文：信而安之，陰以圖之；備而後動，勿使有變，剛中柔外也。

第十一計　李代桃僵　原文：勢必有損，損陰以益陽。

第十二計　順手牽羊　原文：微隙在所必乘；微利在所必得。少陰，少陽。

攻戰計

第十三計　打草驚蛇　原文：疑以叩實，察而後動；復者，陰之媒也。

第十四計　借屍還魂　原文：有用者，不可借；不能用者，求借。借不能用者而用之，匪我求童蒙，童蒙求我。

第十五計　調虎離山　原文：待天以困之，用人以誘之。往蹇來返。

第十六計　欲擒故縱　原文：逼則反兵；走則減勢，緊隨勿迫。累其氣力，消其鬥志，散而後擒，兵不血刃。需，有孚，光。

第十七計　拋磚引玉　原文：類以誘之，擊蒙也。

第十八計　擒賊擒王　原文：摧其堅，奪其魁，以解其體，龍戰野，其道窮也。

混戰計

第十九計　釜底抽薪　原文：不敵其力，而消其勢，兌下乾上之象。

第二十計　混水摸魚　原文：乘其陰亂，利其弱而無主。隨，以向晦入宴息。

第二十一計　金蟬脫殼　原文：存其形，完其勢；友不疑，敵不動。巽而上蠱。

第二十二計　關門捉賊　原文：小敵困之。剝，不利有攸往。

第二十三計　遠交近攻　原文：形禁勢格，利從近取，害以遠隔。上火下澤。

第二十四計　假道伐虢　原文：兩大之間，敵脅以從，我假以勢。困，有言不信。

並戰計

第二十五計　偷梁換柱　原文：頻更其陣，抽其勁旅，待其自敗，而後乘之。曳其輪也。

第二十六計　指桑罵槐　原文：大凌小者，警以誘之。剛中而應，行險而順。

第二十七計　假癡不癲　原文：寧偽作不知不為，不偽作假知妄為；靜不露機，雲雷屯也。

第二十八計　上屋抽梯　原文：假之以便，唆之使前，斷其援應，陷之死地。遇毒，位不當也。

第二十九計　樹上開花　原文：借局布勢，力小勢大。鴻漸於陸，其羽可用為儀也。

第　三十　計　反客為主　原文：乘隙插足，扼其主機，漸之進也。

敗戰計

第三十一計　美人計　原文：兵強者，攻其將；將智者，伐其情。將弱兵頹，其勢自萎。利用禦寇，順相保也。

第三十二計　空城計　原文：虛者虛之，疑中生疑；剛柔之際，奇而復奇。

第三十三計　反間計　原文：疑中之疑。比之自內，不自失也。

第三十四計　苦肉計　原文：人不自害，受害必真；假真真假，間以得行，童蒙之吉，順以巽也。

第三十五計　連環計　原文：將多兵衆，不可以敵，使其自累，以殺其勢。在師中吉，承天寵也。

第三十六計　走為上策　原文：全師避敵，左次無咎，未失常也。

【後　記】

三十六計走為上策！

相信這是每位讀者對於三十六計中最耳熟能詳的一計，主要涵義即是打不過就撤退。這邊的撤退並不是指逃跑，而是以退為進，等待時機再次進攻的意思。

相同的，人生也會面臨前進不得、僵持不下或過分執著的狀況，若面對到這樣的難關，就得用到這最後一計「走為上策」：往後退一步，視野便看得更廣，也能讓自己休息沉澱一下，或許換個方式及角度，就能看得更清楚、更明白，甚至可以找到解決的方法。

計策的使用並非都用在戰爭，換個方式來解讀它，日常生活中的一切都可以因此解決。本書運用漫畫改編典故的形式呈現，用輕鬆搞笑的方式，讓大家更加了解三十六計亦是在講生活、講人生、講態度，希望大家閱讀後，能有更多的體悟與收穫。感謝購買本書的讀者們，有你們的支持，創作才會繼續延續下去，謝謝。

無雙兵法 36 計

作　　者／曾建華
協　　力／Joker
出　　版／亞力漫設計工作室
地　　址／板橋郵局第 10-68 號專用信箱
電　　話／02-22688206

印　　刷／承竑設計印刷有限公司
地　　址／新北市新店區安德街 71 巷 24 號 6 樓之 1
電　　話／02-22127818

代理經銷／白象文化事業有限公司
地　　址／台中市東區和平街 228 巷 44 號
電　　話／04-22208589

ISBN／978-986-94541-2-4
出版日期／2019 年 11 月
定　　價／新臺幣 330 元整

■ 學校團體訂購或合作事宜請洽： SEAL565@gmail.com

■ 漫畫家的店 FB 粉絲團 https://www.facebook.com/SEAL666

贊助單位　文化部